209种常见
花草图鉴

陈长伟 ◎ 主编 壹号图编辑部 ◎ 编著

江苏凤凰科学技术出版社

图书在版编目（CIP）数据

209种常见花草图鉴 / 陈长伟主编；壹号图编辑部
编著 . -- 南京：江苏凤凰科学技术出版社，2017.4（2019.4 重印）
ISBN 978-7-5537-6836-6

Ⅰ . ① 2… Ⅱ . ①陈… ②壹… Ⅲ . ①花卉 - 观赏园艺
Ⅳ . ① S68

中国版本图书馆 CIP 数据核字 (2016) 第 161906 号

209 种常见花草图鉴

主　　　编	陈长伟	
编　著	壹号图编辑部	
责 任 编 辑	张远文	
责 任 监 制	曹叶平　　方　晨	

出 版 发 行	江苏凤凰科学技术出版社
出版社地址	南京市湖南路 1 号 A 楼，邮编：210009
出版社网址	http://www.pspress.cn
印　　　刷	天津旭丰源印刷有限公司

开　本	880mm×1230mm　1/32
印　张	8
版　次	2017 年 4 月第 1 版
印　次	2019 年 4 月第 2 次印刷

标 准 书 号	ISBN 978-7-5537-6836-6
定　价	39.80 元

前言

大自然的花草树木与我们朝夕相伴，在街角、路旁、公园里……人们无数次从它们身边经过，却仅仅知道为数不多的花草树木的名字，感觉熟悉又陌生；很多人喜欢街角的小花，却缺少对它们辨认的知识。那么翻开本书，近距离地认识和欣赏那些我们常见却不一定能叫出名字的花草吧！放松身心，靠近大自然，让你感受一次美妙的阅读体验。

《209 种常见花草图鉴》大多选择了国内城市、农村周边的常见花草，尽量少选国外特有的品种，意在使读者更容易认识、了解和学习，拉近与读者的距离。书中采用图文并茂的编写风格，对常见花草的别名、科属、花期、分布、形态特征进行了详细的介绍。最重要的是通过"五感"一栏让你近距离地感知花草，看球兰的独特花形、听雨打芭蕉的寂静、摸白茅的茸茸花朵、闻茉莉的人间第一香、尝味甘微苦的金银花，总之让你零距离地感受、触摸花草的叶、花、果实和种子，进一步拉近你与大自然的距离，使你在学习知识的同时，身心愉悦。

可以说，《209 种常见花草图鉴》是专门为零基础的花草爱好者量身打造。这里没有枯燥无味的说教，而是采用生动形象的语言，娓娓道来常见花草的特征；没有复杂的分类方法，只需按照花色来查询，简单明了；没有冗长的介绍，而是用精美的图片呈现花草的形态，让你能够一眼辨认各种花草。

总之，《209 种常见花草图鉴》将科学严谨的百科全书和趣味性科普读物的优点整合于一体，让你在工作闲暇之余，可以细心触摸身边的花草，享受和花草在一起的欢乐时光。

阅读导航

本书按花色将生活中常见的花草分为白色系、紫色系、红色系、黄色系、蓝色系、粉色系、橙色系和杂色系八个部分，详细地将它们介绍给广大读者。通过听、看、闻、摸、尝，让读者零距离地接触生活中的常见花草。

此版块介绍常见花草的科属、别名、花期和主要分布的区域。

| 科属 | 木犀科，素馨属 | 别名 | 香魂、莫利花、没丽、没利、抹厉 |
| 花期 | 5~8月 | 分布 | 原产于印度，现在世界各地广泛栽培 |

茉莉

◉ 气味清新的茉莉

茉莉是一种直立或攀缘灌木，最高的可达3米，一般家庭观赏用的盆栽有30~60厘米。对生叶子呈圆形、椭圆形或倒卵形，叶片纸质，叶脉非常明显；有叶柄，叶柄上有短柔毛。聚伞花序顶生，通常有3朵花聚在一起，最多的可达5朵，花片娇小，为锥形，一般为白色，花期是5~8月，气味清新，令人神清气爽。果实呈球状，直径约1厘米，紫黑色，果期在7~9月。

茉莉喜欢温暖湿润、通风良好、半阴的环境。土壤以含有大量腐殖质的微酸性沙质土壤为宜。大多数的茉莉品种畏寒、畏旱，不耐霜冻、湿涝和碱土。在气温低于3℃时，枝叶易遭受冻害，长时间处于低温环境就会死亡。

此版块从细节方面介绍常见花草，或是栽培要点，或是简单的品种分析，让读者对常见花草有更深层次的了解。

◉ 品种分析

单瓣茉莉　　　　　复瓣茉莉

茉莉一般分为单瓣茉莉和复瓣茉莉。单瓣茉莉植株较矮小，茎枝较细，呈藤蔓形。花冠单层，裂片少，白色，表面微皱。

复瓣茉莉是我国栽培的主要品种。茎枝较粗硬。叶对生，阔卵形，花蕾卵圆形，顶部较平或稍尖，也称平头茉莉。

五感之闻一闻

人间第一香

古人曾称茉莉花为"人间第一香"，在茉莉盛开的时候，满室生香。将茉莉花放在鼻前闻一闻，顿时会觉得神清气爽。别一朵在襟前，快乐的情绪就会持续一整天。

20　209种常见花草图鉴

注：某些植物花色繁多，本书按其常见花色进行分类。

此版块详细介绍常见花草的构造，主要涉及常见花草的茎、叶、花、果、种子等，使读者能从细节辨识常见花草。

科属：茜草科，栀子属	别名：黄果子、山黄枝
花期：3~7月	分布：中国山东、河南等地

栀子

◉ 形态特征

枝为圆柱形或稍压扁状。

花顶生。

叶对生，圆形至倒卵形。

花冠白色，锥形。

聚伞花序常为3~5朵。

花梗长0.3~2厘米。

◉ 花单朵生于枝顶

　　栀子是灌木植物。叶对生，极少数叶子为3片轮生，一般为革质，少数为纸质，叶形多样。花味芳香，通常单朵生于枝顶，萼管倒圆锥形或卵形，有纵棱，通常6裂，结果时增长，花冠白色或乳黄色，高脚碟状；花丝极短，花药线形。果形多样。

此版块主要介绍常见花草的基本知识，详细介绍常见花草的外形外貌，让读者能更清楚的认识常见花草。

五感之尝一尝

苦涩果实

　　栀子的果实是一味中药材，入口会有一点苦涩的味道，洗净晒干后具有护肝利胆、降低血压和消肿止痛等功效。

此版块让读者从听、看、闻、摸、尝等方面零距离接触常见花草。

目录

Part 1
白色系

Part 2
紫色系

Part 3
红色系

Part 4
黄色系

Part 5
蓝色系

Part 6
粉色系

Part 7
橙色系

Part 8
杂色系

叶子的百变世界

叶子的形状

     叶序、叶片大小和形状等都是鉴别植物的关键特征，当一种植物花的特征不明显的时候，叶的特征就会显得尤为重要。植物叶子的形状大致有三角形、倒卵形、匙形、琵琶形、倒披针形、长椭圆形、心形、倒心形、线形、镰形、卵形、披针形、倒向羽裂形、戟形、肾形、圆形、箭头形、椭圆形、卵圆形、针形等。

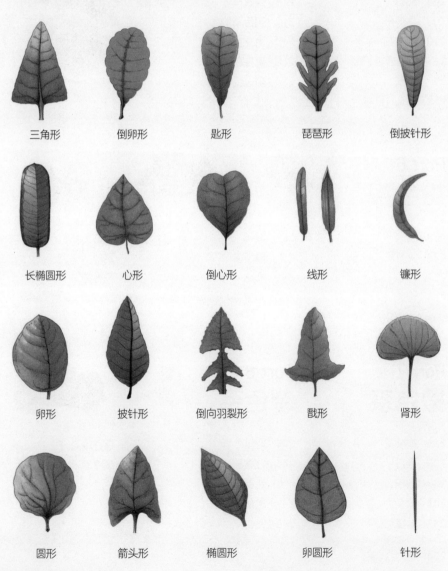

三角形	倒卵形	匙形	琵琶形	倒披针形
长椭圆形	心形	倒心形	线形	镰形
卵形	披针形	倒向羽裂形	戟形	肾形
圆形	箭头形	椭圆形	卵圆形	针形

叶子的种类

叶子种类的区分主要是根据叶柄上长有叶片的数目，可分为两种。

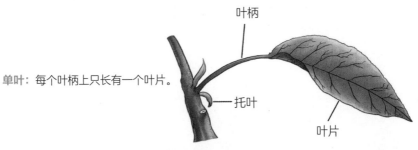

单叶： 每个叶柄上只长有一个叶片。

复叶： 每个叶柄上长有许多的小叶，包括很多种类。

三回羽复叶　　二回羽状复叶　　掌状复叶　　单身复叶

掌状三出复叶　　羽状三出复叶　　奇数羽状复叶　　偶数羽状复叶

叶序

叶序是叶在茎上排列的方式，它的类型包括簇生、互生、对生、轮生、基生，如图：

簇生　　　互生　　　对生　　　轮生　　　基生

花的构造

花朵是种子植物的有性繁殖器官，可以为植物繁殖后代。它的各部分轮生于花托之上，四个主要部分从外到内依次是花萼、花冠、雄蕊群、雌蕊群，如图解：

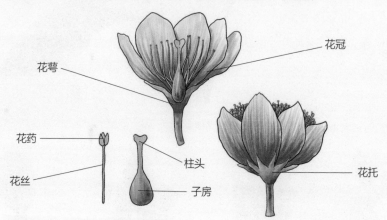

花萼：位于最外层的一轮萼片，通常为绿色，但也有些植物的花萼呈花瓣状。

花冠：位于花萼的内轮，由花瓣组成，较为薄软，常用颜色以吸引昆虫帮助授粉。

雄蕊群：一朵花内雄蕊的总称，花药着生于花丝顶部，是形成花粉的地方，花粉中含有雄配子。

雌蕊群：一朵花内雌蕊的总称，可由一个或多个雌蕊组成。组成雌蕊的繁殖器官称为心皮，包含有子房，而子房室内有胚珠（内含雌配子）。

花的形状

花的形状非常多，其中常见的分为以下几种：

高脚碟状　　　　辐状　　　　　舌状　　　　漏斗状

唇状　　　　　钟状　　　　　坛状　　　　　蝶状

Part 1
白色系

白色，是纯洁的象征。
白色花朵更是代表超脱凡尘与世俗的情感。
春日的栀子花，夏季的白百合，
秋日的车轴草，冬季的玉兰花。
千样的洁白，万种的风情，
巧妙地为大自然点缀出圣洁明亮的光彩。

科属：茄科，茄属	别名：野茄子、天茄子、老鸭酸浆草、天泡草
花期：6~7月	分布：欧、亚、美洲的温带至热带地区

龙葵

◉ 蝎尾状花序

　　龙葵是一年生直立草本植物，高0.25~1米。茎绿色或紫色，近无毛或有微柔毛。叶卵形，叶脉每边有5~6条；叶柄长1~2厘米。花为蝎尾状花序腋外生，由3~10朵小花组成，总花梗长1~2.5厘米，近无毛或有短柔毛；浅杯状的花萼较小，直径约为2毫米，齿卵圆形，先端圆，基部两齿间连接处成角度；花冠为白色，5片深裂，裂片卵圆形；花丝短；花药黄色；花柱中部以下有白色绒毛，柱头小，头状。浆果球形，熟时为黑色。种子多数，近卵形。

　　龙葵的生长适宜温度为22~30℃，开花结实期适宜温度为15~20℃。对土壤的要求不严格，在有机质丰富、保水保肥力强的土壤中生长良好，适宜的土壤pH值为5.5~6.5。

◉ 播种要点

　　培育龙葵幼苗的时候，首先要选择肥沃且易排灌的土壤，最好是没种过茄果类蔬菜的土地。在播种前首先要把苗床浇透水，将种子掺细沙拌均匀，进行撒播。一般采用抗病性强的野生种做种，这样植株长势好，更易于成活。

五感之尝一尝

浓苦味的嫩梢

　　龙葵长成的嫩梢吃起来苦味较浓。浆果和叶子均可食用，但叶子由于含有大量生物碱，须经煮熟后方可食用。全株可入药，有散淤消肿、清热解毒的功效。

科属：百合科，百合属	别名：强瞿、番韭、山丹、倒仙
花期：4~10月	分布：中国湖南、浙江、江苏、安徽和河南等地

百合

◉ 长卵圆形蒴果上有钝棱

百合为多年生草本球根植物，植株高70~150 厘米；根主要分为肉质根和纤维状根；地上茎直立，不分枝，圆柱形，绿色，常有紫色斑点，无毛。叶片互生，披针形至椭圆状披针形，叶脉弧形；花朵大，多为白色，呈漏斗形喇叭状。蒴果长卵圆形，有钝棱。种子的数量较多，呈卵形，扁平状。

百合性喜湿润、凉爽潮湿的环境，要求肥沃、富含腐殖质、土层深厚、排水性极为良好的砂质土壤，多数品种宜在微酸性至中性土壤（pH 值为 5.5~6.5）中生长。忌干旱、酷暑，忌硬黏土，耐寒性稍差。

◉ 形态特征

叶片互生，披针形至椭圆状披针形

花冠较大，呈漏斗形喇叭状

地上茎直立，不分枝

五感之看一看

药材百合

百合药材呈长椭圆形，表面类白色或淡棕黄色，质硬而脆，断面较平坦，入心、肺经，有润肺止咳、清心安神的功效。

科属：木兰科，木兰属　别名：玉兰、望春花、玉兰花

花期：4~9月　分布：原产印度尼西亚爪哇，现广泛培植于东南亚各国

白玉兰

◉ 白色的蔷薇花冠

　　白玉兰是落叶乔木，高可达 17 米，枝广展，呈阔伞形树冠。树皮为灰色，枝叶有芳香。革质叶较薄，叶片单叶互生，呈长椭圆形或披针状椭圆形，有时呈螺旋状，基部楔形，叶端渐尖，上面无毛，下面疏生微柔毛，叶两面网脉都很明显，叶柄长 1.5~2 厘米。花顶生，呈辐射对称，白色的蔷薇花冠，有时基部带红晕，香味特别浓；花瓣 6 瓣；花药条形，为淡黄棕色；花丝较短；易脱落；花柱密被灰黄色细绒。心皮多数，部分不发育，成熟时随着花托的延伸会形成蓇葖疏生的聚合果，蓇葖熟时鲜红色。

　　白玉兰喜肥沃疏松的土壤，喜光。不耐干旱也不耐水涝，对二氧化硫、氯气等有毒气体比较敏感，是世界各地庭园中常见的栽培花卉。

◉ 多用途的白玉兰

　　白玉兰不仅有很高的观赏价值，药用、食用价值也很高。它的根对泌尿系统感染和小便不利有一定疗效；叶有清热利尿和止咳化痰的功效；花有化湿、行气的作用，对中暑和前列腺炎患者有神奇效果。

五感之看一看

白如玉的花朵

　　白玉兰花白如玉，芳香似兰，并且是先开花后长叶子，其花一朵一朵地生长在树枝的顶端，有的是纯白色，有的是碧白色和乳白色。

科属：石蒜科，晚香玉属	别名：夜来香、月下香
花期：7~10 月	分布：墨西哥、南美、中国有栽培

晚香玉

◉ 漏斗状白色花朵

晚香玉为多年生鳞茎花草。高可达 1 米，有块状的根状茎。茎直立，不分枝。穗状花序顶生，每穗有花 12~32 朵，白色花呈漏斗状，每苞片内常有 2 朵花，苞片绿色；花浓香，长 3.5~7 厘米；花被管长 2.5~4.5 厘米，基部稍弯曲；花裂片为长圆状披针形，钝头；花柱细长，柱头 3 裂。蒴果卵球形，顶端有宿存花被；种子多数，稍扁。

晚香玉性喜温暖、湿润、阳光充足的环境，不耐霜冻，在肥沃的黏质土壤中生长良好，沙土不宜生长。对土壤的湿度反应敏感，忌积水，同时也不耐干旱，干旱时，叶边上卷，花蕾皱缩，难以开放。原产南美洲，在原产地为常绿草本，而在中国作露地栽培时，因大部分地区冬季严寒，故只能作春植球根栽培，若气温适宜则终年生长，四季开花。

◉ 危险的快乐

晚香玉是提取香精的原料，它的花语是危险的快乐，主要原因有两个：第一，晚香玉是在晚上开放，且在月光下香味更浓；第二，花香浓郁，严重时使人呼吸困难，因此一般不放在室内。

五感之闻一闻

扑鼻的芳香

晚香玉花为白色，呈漏斗状，散发出浓浓的香气，每当夜晚来临则香味更浓，因而得名。

风箱果

◉ 果内含光亮黄色种子

风箱果是落叶小灌木。小枝圆柱形，稍弯曲，无毛或近于无毛，幼时紫红色，老时灰褐色树皮呈纵向剥裂。叶片三角卵形至宽卵形，先端急尖或渐尖，基部心形或近心形，稀截形，通常基部 3 裂，稀 5 裂，边缘有重锯齿；叶柄微被柔毛或近于无毛；托叶线状披针形，顶端渐尖，边缘有不规则尖锐锯齿，无毛或近于无毛。花序伞形总状，花梗长 1~1.8 厘米，总花梗和花梗均密被星状柔毛；披针形苞片顶端有锯齿，两面微被星状毛，早落；花萼筒杯状，外面被星状绒毛；萼片三角形，先端急尖，内外两面均被星状绒毛；花瓣倒卵形，先端圆钝，白色；花药紫色；花柱顶生。蓇葖果膨大，卵形，长渐尖头，熟时沿背腹两缝开裂，外面微被星状柔毛，内含光亮黄色种子 2~5 粒。

◉ 形态特征

花序为伞形总状。

花瓣倒卵形，白色；花药紫色。

叶片三角卵形至宽卵形，边缘有重锯齿。

五感之看一看

白色素雅的花朵

风箱果有很高的观赏价值，它的树形开展，密集的花序开出淡雅的小花，在初秋时节，果实呈红色，十分可爱。人们多将风箱果植于亭台周围、丛林边缘及假山旁边，以作观赏。

科属：萝摩科，球兰属	**别名**：马骝解、狗舌藤、铁脚板
花期：4~6月	**分布**：中国云南、广西、广东、福建和台湾等地

球兰

⊙ 辐状花冠

　　球兰为攀缘灌木，附生在树上或石上。肉质叶对生，卵圆形至卵圆状长圆形，顶端钝，基部圆形；约有4对不明显的侧脉。聚伞花序，腋生，花多数，白色；花冠辐状，花冠筒短，裂片外面无毛，内面多为乳头状突起；副花冠为星状，外角急尖，中脊隆起，边缘反折而成1孔隙，内角急尖，直立。蓇葖线形，光滑。种子顶端有白色的绢质种毛。

　　球兰喜高温、高湿、半阴的环境。忌烈日曝晒，夏季需要移至遮阴处，防止强光直射灼伤叶片，如果日照过强，叶色则粗涩无光泽，影响观赏效果。球兰的适生温度为20~25℃，除华南温暖地区外，盆栽需温室越冬；在富含腐殖质且排水良好的土壤中生长旺盛，较适宜多光照和稍干土壤。

⊙ 形态特征

花白色至淡粉色。

花冠辐状，花冠筒短。

聚伞花序，着生花约30朵。

五感之看一看

独特花形

　　球兰花形独特，花色白至淡红，微有香气。适用于盆栽，悬挂在庭院、分园、长廊、茶座等荫棚架下，增添荫棚景观，别有风味。

科属：木犀科，素馨属　　别名：香魂、莫利花、没丽、没利、抹厉
花期：5~8 月　　分布：原产于印度，现在世界各地广泛栽培

茉莉

➔ 气味清新的茉莉

　　茉莉是一种直立或攀缘灌木，最高的可达 3 米，一般家庭观赏用的盆栽有 30~60 厘米。对生叶子呈圆形、椭圆形或倒卵形，叶片纸质，叶脉非常明显；有叶柄，叶柄上有短柔毛。聚伞花序顶生，通常有 3 朵花聚在一起，最多的可达 5 朵，花片娇小，为锥形，一般为白色，花期是 5~8 月，气味清新，令人神清气爽。果实呈球状，直径约 1 厘米，紫黑色，果期在 7~9 月。

　　茉莉喜欢温暖湿润、通风良好、半阴的环境。土壤以含有大量腐殖质的微酸性沙质土壤为宜。大多数的茉莉品种畏寒、畏旱，不耐霜冻、湿涝和碱土。在气温低于 3 ℃时，枝叶易遭受冻害，长时间处于低温环境就会死亡。

➔ 品种分析

单瓣茉莉　　　　　复瓣茉莉

　　茉莉一般分为单瓣茉莉和复瓣茉莉。单瓣茉莉植株较矮小，茎枝较细，呈藤蔓形。花冠单层，裂片少，白色，表面微皱。

　　复瓣茉莉是我国栽培的主要品种。茎枝较粗硬。叶对生，阔卵形，花蕾卵圆形，顶部较平或稍尖，也称平头茉莉。

五感之闻一闻

人间第一香

　　古人曾称茉莉花为"人间第一香"，在茉莉盛开的时候，满室生香。将茉莉花放在鼻前闻一闻，顿时会觉得神清气爽。别一朵在襟前，快乐的情绪就会持续一整天。

科属：茜草科，栀子属	别名：黄果子、山黄枝
花期：3~7月	分布：中国山东、河南等地

栀子

⊙ 形态特征

枝为圆柱形或稍压扁状。

花顶生。

叶对生，圆形至倒卵形。

花冠白色，锥形。

聚伞花序常为3~5朵。

花梗长0.3~2厘米。

⊙ 花单朵生于枝顶

栀子是灌木植物。叶对生，极少数叶子为3片轮生，一般为革质，少数为纸质，叶形多样。花味芳香，通常单朵生于枝顶，萼管倒圆锥形或卵形，有纵棱，通常6裂，结果时增长，花冠白色或乳黄色，高脚碟状；花丝极短，花药线形。果形多样。

五感之尝一尝

苦涩果实

栀子的果实是一味中药材，入口会有一点苦涩的味道，洗净晒干后具有护肝利胆、降低血压和消肿止痛等功效。

槐树

◉ 重叠悬垂的蝶形花冠

　　槐树为落叶乔木。树皮呈灰棕色，有不规则纵裂，内皮鲜黄色，有臭味。叶为奇数复叶，互生；小叶长 7~15 厘米，上有很多白色短柔毛；小叶片为卵状长圆形，叶片的顶端渐尖，叶片上面绿色，有微亮光泽，背面有白色短毛。圆锥状花序顶生；花瓣皱缩而卷曲，多散落；花萼为钟状，黄绿色，5 浅裂；花冠蝶形，乳白色，盛开时呈簇状，重叠悬垂；花丝细长；花脉微紫色；花柱弯曲。荚果肉质，串珠状，黄绿色，没有柔毛，不开裂。种子 1~6 颗，肾形，深棕色。

　　槐树是温带树种，喜阳光，喜干冷气候，但在高温高湿的中国华南地区也能生长。在土层深厚、排水良好的土壤及石灰性土壤、中性土壤及酸性土壤中均能很好地生长，而在干燥、贫瘠的低洼处生长不良。

◉ 形态特征

花冠蝶形，乳白色，呈簇状，重叠悬垂。

叶片绿色，有微亮光泽，背面有白色短毛。

种皮深棕色，内含有肾形种子。

五感之闻一闻

沁人心脾的清香

　　槐树有很好的观赏价值和食用价值。特别是花期来临，一串串洁白的花朵缀满树枝，空气中弥漫着淡淡的素雅清香，沁人心脾。

科属：车前科，车前属	别名：钱贯草、大猪耳朵草
花期：6~8 月	分布：中国大部分省区均有分布

大车前

⊙ 莲座状基生叶

　　大车前为二年生或多年生草本植物。叶基生呈莲座状，平卧、斜展或直立；叶片为草质、薄纸质或纸质，宽卵形至宽椭圆形，先端钝尖或急尖，边缘波状、疏生不规则牙齿或近全缘，两面疏生短柔毛或近无毛，少数被较密的柔毛。花序多为 1 个；花序梗直立或弓曲上升，有纵条纹，上有短柔毛；穗状花序细圆柱状，苞片为宽卵状三角形，无毛或先端疏生短毛；花萼先端圆形；花冠白色，无毛，冠筒等长或略长于萼片，裂片披针形至狭卵形，于花后反折；花药为椭圆形，通常初为淡紫色，稀白色，干后变淡褐色。蒴果近球形、卵球形或宽椭圆球形，于中部或稍低处周裂。种子卵形、椭圆形或菱形，腹面隆起或近平坦，黄褐色。花期 6~8 月，果期 7~9 月。

⊙ 形态特征

叶片宽卵形至宽椭圆形，边缘波状。

穗状花序呈细圆柱状。

种子卵形、椭圆形或菱形，黄褐色。

五感之看一看

直立花茎

　　大车前的花茎直立，高 15~70 厘米，穗状花序占花茎的 1/3~1/2；花密生，花冠裂片椭圆形或卵形，卵形苞片比萼裂片短；花萼裂片为椭圆形，无柄。

白茅

➤ 粗壮的长根状茎

　　白茅为多年生草本植物，有粗壮的长根状茎。秆直立，通常有1~3节，节上无毛。叶鞘聚集于秆基，质地较厚；叶舌膜质，长约2毫米，紧贴其背部或鞘口，有柔毛；秆生叶片长1~3厘米，窄线形，通常内卷，顶端渐尖呈刺状，下部渐窄，有的有叶柄，质硬，上有白粉。圆锥花序圆柱状，稠密，长20厘米，宽达3厘米；花药长3~4毫米；花柱细长，通常有两个柱头，紫黑色，羽状，从小穗顶端伸出，长约4毫米。颖果椭圆形，长约1毫米，胚长为颖果的一半，颖果成熟后，自柄上脱落。花期为4~6月。

　　白茅的适应性强，耐阴、耐瘠薄和干旱，喜湿润疏松的土壤。在适宜的条件下，根状茎可长达2~3米，能穿透树根，断节再生能力强，是一种严重危害农作物的杂草。

➤ 穗状花序

　　白茅在三四月开白色花，呈穗状，文献中有记载：夏生白花茸茸然，至秋而枯。因此白色的成穗花在阳光下格外引人。白茅花可药用，食用白茅花水煎剂可降低出血量，减少凝血时间，并可降低血管的通透性。

五感之看一看

药用价值高的白茅根

　　白茅根是一味常见的中草药，表面呈黄白色或淡黄色，微有光泽，有纵皱纹。

科属：菊科，鬼针草属	别名：鬼钗草、粘人草、粘连子、豆渣草
花期：8~10 月	分布：亚洲和美洲的热带和亚热带地区

鬼针草

◉ 条状匙形的草质苞片

鬼针草为一年生草本植物。茎直立，高30~100 厘米，无毛或上部有极稀疏的柔毛。茎下部叶较小，3 裂或不分裂，通常在开花前枯萎，两侧小叶呈椭圆形或卵状椭圆形，有短叶柄，边缘有锯齿。头状花序有较长的花序梗。总苞基部有短柔毛，苞片条状匙形，草质，边缘有时有短柔毛或者没有，一般有7~8 枚，上部稍宽，开花时长 3~4 毫米，果时长至 5 毫米。盘花筒状，无舌状花，长约 4.5 毫米，花冠边沿有 5 齿裂。瘦果为黑色，条形，略扁，有棱，长 7~13 毫米，宽约 1 毫米，果实上部有稀疏瘤状突起，顶端有芒刺 3~4 枚。

鬼针草多生长在温暖湿润的气候区，以疏松肥沃、富含腐殖质的沙质土壤及黏土壤最为适宜。

◉ 较高的药用价值

鬼针草的药用价值较高，全草入药。采收的最好时节在夏、秋开花盛期，收割其地上部分，鲜用或干用。有清热解毒、散淤活血的功效，对上呼吸道感染、咽喉肿痛、急性阑尾炎、急性黄疸型肝炎、胃肠炎、风湿关节疼痛、跌打肿痛等症有良好的疗效。性微寒，孕妇忌用。

五感之看一看

独特的果实

黑色瘦果呈条形，有棱，长 7~13 毫米，宽约 1 毫米，上部有稀疏瘤状突起及刚毛，顶端有长 1.5~2.5 毫米的芒刺3~4 枚。

接骨草

◉ 全草可入药

◉ 斜生茎无毛，有棱条

接骨草为多年生草本植物。茎斜生，无毛，有棱条。叶互生，无柄；叶片斜长椭圆形或斜倒卵状长椭圆形，羽状复叶的托叶有时退化成蓝色腺体，小叶 2~3 对，狭卵形，嫩时上面有疏长柔毛，边缘有细锯齿；顶生小叶为卵形或者倒卵形，基部楔形，小叶有时有叶柄。花单性，雌雄异株；复伞形花序顶生，大而疏散，有花序柄；花冠为白色，仅基部联合；花药黄色或紫色；花柱极短，有时几乎没有。果实红色，卵圆形。核 2~3 粒，卵形，表面有小疣状突起。

接骨草野生于山野、路旁、山坡地。喜温暖湿润的气候，耐阴，较耐寒。凡塘边、沟边、溪边等浅水处或低洼地均可栽培。对土壤的适应性强，一般土壤均可种植，涝洼地除外。忌高温和连作。

接骨草全草均可入药，有祛风湿、解毒消炎和通经活血的功效，可用于辅助治疗跌打损伤。它的根有祛风消肿和舒筋活络的功效；茎、叶有发汗、活血的功效；果实可以用来辅助治疗蚀疣。总之，接骨草全身是宝。

五感之看一看

鲜红的果实

接骨草的果实成熟时，鲜红色的圆形果挂满枝头，远远望去，就像是挂满了红玛瑙一样，光彩夺目。

科属：天南星科，马蹄莲属	别名：慈姑花、水芋、野芋、慈菇花
花期：3~8月	分布：中国江苏、福建、四川、云南等地

马蹄莲

⊙ 佛焰包开张呈马蹄形

马蹄莲为多年生草本植物,有块状根茎,叶基生,叶下部有叶鞘,叶片较厚,绿色,为心状箭形或者箭形,先端有锐尖、渐尖和尾状尖头,基部呈心形或戟形且全缘;花梗着生叶旁,高出叶丛,鲜黄色的圆柱形肉穗花序包藏于佛焰苞内,佛焰包开张呈马蹄形花序上部生雄蕊,下部生雌蕊;肉质果实包在佛焰包内;浆果一般是短卵圆形的,颜色多为淡黄色,有宿存花柱且种子的形状多为倒卵状球形。

马蹄莲常生于河流旁或沼泽地中,性喜温暖湿润的气候,不耐寒,不耐高温,喜潮湿,喜疏松肥沃、腐殖质丰富的黏壤土。

⊙ 形态特征

佛焰苞管部短，黄色

花朵檐部略后仰，有锥状尖头，亮白色，有时带绿色

叶片较厚，绿色，心状箭形或箭形

五感之看一看

马蹄莲和海芋

马蹄莲在欧美国家是新娘捧花的常用花。花色有白、红、黄、银星、紫斑等,一般说白色的称为马蹄莲,彩色的叫海芋。

科属：唇形科，罗勒属	别名：假苏、姜芥、香草
花期：6~9月	分布：中国大部分地区有分布

毛罗勒

◉ 轮伞花序顶生为总状花序

毛罗勒为一年生草本植物。茎直立，多分枝，呈方柱形，表面紫色或黄紫色，上面有稀疏的柔毛。叶对生；叶片长圆形，先端尖，基部楔形，边缘有疏锯齿或全缘，有缘毛，上面疏生白色柔毛，下面散布腺点。轮伞花序，有6朵花或更多，组成有间断的较长顶生总状花序，被很多稀疏柔毛；花萼钟形，有刺尖，萼齿边缘均有缘毛；苞片倒披针形；花冠淡粉红色或白色，伸出花萼。小坚果长圆形，褐色。花期6~9月，果期7~10月。

毛罗勒性喜温暖湿润的气候，不耐寒也不耐旱。种子发芽的温度在15~30℃，在25~30℃时发芽率可达90%。对土壤也有一定的要求，最好选排水良好、疏松肥沃的沙质土壤种植。

◉ 形态特征

叶片长圆形，边缘有疏锯齿。

小坚果长圆形，褐色。

茎直立，多分枝。

五感之闻一闻

芳香的叶子

毛罗勒全株都有芳香的气味，叶子香味更浓。味辛，有清凉感。有健脾化湿和祛风活血的功效。

| 科属：蓼科，荞麦属 | 别名：菠麦、乌麦、花荞 |
| 花期：6~9月 | 分布：中国河北、山西、陕西、甘肃、青海、四川、云南等地 |

苦荞麦

◉ 黑褐色瘦果为长卵形

　　苦荞麦为一年生草本植物，高 30~70 厘米。茎直立，有分枝，绿色或微有紫色，有细纵棱。叶片宽三角状戟形，上部叶较小有短柄，下部叶有长柄，托叶鞘膜质，黄褐色，长约 5 毫米。总状花序腋生或顶生，苞片卵形，花被片椭圆形，花被白色或淡粉红色。瘦果长卵形，黑褐色，长 5~6 毫米，表面有 3 棱及 3 条纵沟，上部棱角锐利，下部圆钝有时有波状齿。

　　苦荞麦多生长于海拔 500~3900 米的田边、路旁、山坡、河谷等地，喜凉爽湿润，不耐高温，畏霜冻。

◉ 形态特征

叶片宽三角状戟形，下部叶有长柄

花被片椭圆形，花被白色或淡粉红色

瘦果长卵形，黑褐色

五感之看一看

腋生或顶生的总状花序

　　生长在田边、路旁、山坡、河谷等潮湿地带的苦荞麦，总状花序腋生或顶生，白色或淡粉红色的花朵小巧可爱。

曼陀罗

◉ 卵状蒴果表面有坚硬针刺

　　曼陀罗为一年生草本植物，植株高50~150 厘米，全体无毛或在幼嫩部分有短柔毛；有粗壮的茎，呈圆柱状，颜色为带紫色或者淡绿色，下部木质化；叶片呈宽卵形或者卵形，互生，上部呈对生状；叶腋或枝叉间单生有花，花有短梗，直立，花冠呈漏斗状，上部的颜色为淡紫色或者白色，下部的颜色带绿色，花萼筒状；蒴果直立，卵状表面生有坚硬针刺或有时无刺而近平滑，成熟后为淡黄色，规则 4 瓣裂；黑色种子为卵圆形，稍扁。

　　曼陀罗常生长于荒地、旱地、宅旁、向阳山坡、林缘、草地，喜温暖、向阳的环境和排水良好的沙质壤土。

◉ 形态特征

花冠漏斗状，上部白色或淡紫色

茎圆柱状，淡绿色或带紫色

蒴果直立生，卵状，表面生有坚硬针刺

五感之摸一摸

果实表面有坚硬针刺

　　曼陀罗的果实为卵状，直立，其表面生有坚硬针刺，果实成熟后为淡黄色，4 瓣裂，露出卵圆形稍扁的种子。

科属：木兰科，含笑属	别名：白缅花、白兰花、缅桂花
花期：4~9月	分布：中国东南、西南及东南亚地区

白兰

⊙ 披针形十瓣花瓣

　　白兰为常绿乔木。枝广展，呈阔伞形树冠状，树皮灰色。嫩枝及芽密被淡黄白色微柔毛，老时毛渐脱落。叶薄革质，长椭圆形或披针状椭圆形，先端长渐尖或尾状渐尖，基部楔形，上面无毛，下面有稀疏微柔毛，叶片干时叶脉明显；叶柄上有稀疏微柔毛；花为白色，极为芳香；花瓣10瓣，披针形，长3~4厘米，宽3~5毫米。果为蓇葖疏生的聚合果；蓇葖熟时为鲜红色。花期较长，为4~9月，叶色浓绿，为著名的庭园观赏树种，多栽为行道树，通常不结果实。

　　白兰常用压条和嫁接进行繁殖。白兰花性喜温暖、湿润的环境，适合在通风良好、有充分日照的环境中生长，怕寒冷，忌潮湿，总之白兰既不喜阴蔽，又不耐日灼，适合生长于微酸性土壤中。

⊙ 形态特征

披针形花瓣10瓣，白色。

叶薄革质，长椭圆形或披针状椭圆形。

叶柄长1.5~2厘米，上有稀疏微柔毛。

五感之看一看

洁白花朵

　　白兰是常见的庭园观赏树种，它的株形直立有分枝，洁白的花朵能散发淡淡的清香，同时又象征纯洁的爱和真挚的感情。

科属：石蒜科，水仙属	别名：凌波仙子、金盏银台、天蒜
花期：1~2 月	分布：原产亚洲东部的海滨地区，中国各省区均有栽培

水仙

◉ 扁平带状的叶子

水仙是多年生草本植物。有乳白色、圆柱形的肉质根，质脆弱，易折断。球茎为圆锥形或卵圆形，球茎外皮为黄褐色纸质薄膜。叶为扁平带状，苍绿色，叶面上有霜粉，先端钝，无叶柄。伞状花序，花序轴从叶丛中抽出，绿色，圆筒形，中空，外表有明显的凹凸棱形，表皮有蜡粉。小花呈扇形着生在花序轴顶端，外有膜质佛焰苞包裹，筒状，花瓣多为 6 瓣，白色，芳香，花瓣末处呈鹅黄色；花蕊外面有一个如碗一般的保护罩。果实为小蒴果，由子房发育而成，熟后由背部开裂。

水仙是秋植球根类温室花卉，生命力顽强，耐半阴，不耐寒。喜光、喜水、喜肥，喜肥沃的沙质土壤。有秋冬生长、早春开花、夏季休眠的生长特性。

◉ 品种分析

双瓣水仙

单瓣水仙

水仙在品种上有单瓣和双瓣之分。双瓣水仙花为重瓣，花瓣卷成一簇，花冠下端青黄而上端淡白，没有明显的副冠。单瓣水仙的花冠为青白色，花萼黄色，中间有金色的副冠，花味清香。总之，双瓣水仙无论是花形还是香味都不如单瓣水仙。

> **五感之闻一闻**
>
>
>
> ### 花茶清香甘醇
>
> 水仙花清香隽永，是香料调配中不可缺少的原料。用水仙制成的高档水仙花茶、水仙乌龙茶等，清香浓郁、味美甘醇。

科属：茄科，酸浆属	别名：红姑娘、挂金灯、金灯、锦灯笼
花期：5~9月	分布：韩国、日本北海道、中国东北地区

酸浆

⊙ 有明显网脉的薄革质果萼

　　酸浆为多年生直立草本植物。白色的根状茎横卧地下，多分枝，地上茎多不分枝，有纵棱。叶互生，有短柄，叶片长卵形至阔卵形，有时为菱状卵形，顶端渐尖，基部呈不对称狭楔形，边缘有不整齐的粗锯齿或呈波状，叶面上有柔毛，在叶脉处最为密集。花单生于叶腋内，有花梗，且花梗在开花时直立，后向下弯曲，上有密柔毛直到结果时也不脱落；花萼阔钟状，绿色，5浅裂；花冠辐状，白色；花药黄色。果萼卵状，薄革质，有明显的网脉，橙色或火红色，浆果橙红色，球形，柔软多汁。种子肾形，淡黄色。花期5~9月，果期6~10月。

　　酸浆耐寒、耐热，喜凉爽、湿润气候，喜阳光。对土壤的要求不严，尤以土质肥沃、排水良好的土壤或沙质土壤为好。

⊙ 果实储存

　　酸浆的果实在采收后，可将它们放在阴凉干燥的通风处，均匀摊开，并及时翻晒。在条件允许的情况下，可将酸浆果实储藏在温度3~5℃，湿度85%~90%的冷库中，这样可储藏长达3个月。

五感之看一看

鲜红的果实

　　酸浆果实成熟时花萼枯黄，果实鲜红，透过花萼可以看到那一个个的红色小果挂满枝头，犹如一串串的红灯笼，鲜艳美丽。

科属：马齿苋科，马齿苋属　　别名：松叶牡丹、半枝莲

花期：5~11月　　分布：原产巴西，中国公园、花圃常有栽培

太阳花

⊙ 叶片近圆柱线形

太阳花为一年生肉质草本。茎匍匐地面，密丛生，先端向上斜伸，分枝较多，光滑无毛。叶互生，叶片近圆柱线形。花单独或数朵生于顶端，多为重瓣，也有单瓣，花色繁多，有黄色、白色、红色、紫色等色，萼片宽卵形至长圆形，花药多丝状。蒴果卵球状，蜡黄色，有光泽，在顶部开裂。种子多数，小而易散落，肾状圆锥形，深灰黑色，有小疣状突起。

太阳花性喜温暖、阳光充足而干燥的环境，在阴暗潮湿的地方生长不良。极耐贫瘠，在一般土壤中均可生长，尤其适合排水良好的沙质土壤。有见太阳开花的习性，且太阳光越强，花开越好，早、晚和阴天花朵闭合，故也有"午时花"之名。

⊙ 药用价值很高

太阳花药用价值高，主要有清热解毒、活血祛淤和消肿止痛的功效。需注意：血虚者不宜使用，孕妇慎用。此外，全草还可用于提取黑色染料。

五感之看一看

花色繁多

太阳花花色繁多，有黄色、白色、红色、紫色、粉红色等多种颜色。每到花季，五颜六色的太阳花在风中摇曳，非常美丽。

多样太阳花

小琉球马齿苋：叶互生，倒卵状圆形或椭圆状倒卵形，顶端钝，基部渐狭；花瓣 5 瓣，红色，近楔形至长圆形，顶端多少微凹，花柱丝状，上端三叉。

大花马齿苋：茎直立上升，光滑无毛；花单生或数朵顶生，花瓣 5 瓣或者重瓣，花色繁多，有白、红、黄、粉红、紫等颜色。

沙生马齿苋：多年生铺散草本植物。叶互生，扁平，稍肉质，倒卵形或线状匙形，叶腋有长柔毛；花小，无梗，黄色或淡黄色，单个顶生，花瓣椭圆形。

毛马齿苋：茎密丛生，多分枝；花瓣 5 瓣，红紫色，宽倒卵形，顶端钝或微凹，花丝洋红色，花柱短，柱头 3~5 裂。

科属：十字花科，芝麻菜属　　别名：臭菜、东北臭菜
花期：5~6月　　　　　　　　分布：亚洲、欧洲、非洲

芝麻菜

◉ 由黄色到白色的花朵

芝麻菜为一年生草本植物。茎直立，上部常有分枝，且上有稀疏长硬毛或者近乎没有。叶多为羽状分裂，有细齿，顶部裂片卵形，侧面裂片卵形或者三角状卵形。总状花序有多数疏生花；花梗多有长柔毛；萼片长圆形，稍显棕紫色，外面有蛛丝状长柔毛；花瓣为黄色的倒短卵形，后变白色，有紫色纹路。长角果呈圆柱形，果瓣无毛，喙剑形，扁平状，顶端较尖。种子近球形或卵形，棕色，有棱角。花期5~6月，果期7~8月。

芝麻菜喜温暖湿润的气候，且抗寒、抗盐碱性较强，在大多数的土壤中都能生长。其直根发达，根系入土较深，适合生长在海拔800米以上山区的农田荒地。

◉ 栽培芝麻菜

芝麻菜可露地栽培、水培或者生产芽菜。芝麻菜的抗寒性很强，因此在秋后至春季栽培病虫害较少；在芝麻菜的生长期，要尽量维持土壤湿润，以便叶片保持柔嫩，从而降低辛辣味和苦味。另外，及时采收是芝麻菜丰产优质的关键。

五感之尝一尝

清香嫩叶苗

春季芝麻菜长势旺盛，摘其嫩苗，入沸水焯几分钟，再用清水浸泡，挤去水后可凉拌、煮汤或热炒，色泽悦目，清香味美。

科属：蔷薇科，樱属	别名：山樱桃、梅桃、山豆子
花期：4~5 月	分布：中国大部分省区均有分布

毛樱桃

⊛ 白色至淡粉色的花朵

毛樱桃为落叶灌木植物，一般株高 2~3 米。叶芽着生在枝条顶端和叶腋间；花芽的萌芽率较高，因此花芽量大。白色至淡粉红色的花先叶开放，萼片为红色；是人们常见的早熟水果之一，果实为鲜红或乳白色，多为圆形或长圆形，味酸甜。花期为 4~5 月，果期为 5~6 月。

毛樱桃喜光、耐寒、耐旱、耐高温、耐瘠薄，适应性极强。在田埂、果园周边均可生长，从而达到充分利用耕地、美化周边环境的作用。毛樱桃主要产于中国华北、东北，在西南地区也有分布，其中以河北、辽宁栽培较多，其他地区多作为一种观赏花木。

⊛ 多用途的毛樱桃

毛樱桃的花朵密集、花瓣洁白，树形优美，果实颜色艳丽，是集观花、观果、观形为一体的园林观赏植物。且种仁含油率达 43% 左右，是制肥皂及润滑油的重要材料。种仁又可入药，有润肠、利水的功效。

五感之看一看

艳丽果实

毛樱桃在果实成熟时，鲜艳的红色果实在绿叶的映衬下，显得优雅别致。

科属：百合科，铃兰属	别名：草玉玲、君影草、香水花	
花期：5~6月	分布：原产北半球温带，中国东北、华北地区有野生	

铃兰

● 下垂的钟状花朵

铃兰为多年生草本植物。植株矮小，全株无毛，地下多有分枝，常成片生长。叶为长7~20厘米、宽3~8.5厘米，先端近急尖，基部楔形的椭圆形或卵状披针形；有叶柄，长8~20厘米。花葶高15~30厘米，稍向外弯；有花梗，且花梗靠近顶端的位置有关节，在果实成熟时从关节脱落；总状花序，花钟状，白色，向下垂；花裂片为卵状三角形，先端尖锐；花丝比花药稍短，越靠近基部慢慢扩大；花药近矩圆形；花柱柱状。入秋结圆球形暗红色浆果，浆果直径6~12毫米，稍向下垂。浆果有毒，内有种子扁圆形或双凸状，表面有细网纹。

铃兰性喜半阴、湿润的环境。喜好凉爽，忌炎热干燥，较耐严寒，适合生长在富含腐殖质的土壤及沙质土壤中。

● 形态特征

花白色，钟状，稍向下垂。

浆果为圆球形，暗红色。

叶为椭圆形或卵状披针形。

五感之看一看

可爱的白色花朵

5月，铃兰会悄悄地从一对深绿色长椭圆形叶子上伸出弯曲优雅的花梗，绽放清香纯白的花朵，煞是可爱。

科属： 百合科，玉簪属　　**别名：** 玉春棒、白鹤花、白玉簪

花期： 7~9 月　　**分布：** 原产中国和日本，我国各地均有栽培

玉簪

◉ 花色白如玉

玉簪为多年生草本植物。茎粗壮，茎下部有很多须根，叶茎丛生，心状卵圆形，有叶柄和明显的叶脉。花为总状花序，从叶丛中抽出，远高出叶面，未开时如簪头，色白如玉，也有淡紫色的花朵，芳香，有细长的花被筒，端头 6 裂，呈漏斗状。蒴果圆柱形。种子黑色，顶端有翅。

玉簪喜阴湿环境，如果受强光照射，叶片就会变黄，因此严禁受强烈日光的暴晒，是典型的阴性植物。喜肥沃、湿润的沙质土壤，极耐寒，在我国大部分地区均能在露地越冬，地上茎叶经霜冻后会枯萎，但不影响第二年春天的新芽生长。

◉ 形态特征

花有细长花被筒，先端呈漏斗状。

叶为卵形或心脏形，有明显叶脉。

有粗壮的根状茎。

五感之看一看

簪形花苞

玉簪叶子娇莹，花苞似簪，花开后色白如玉，清雅高洁，生于泥土而不染，是中国古典庭园中重要花卉之一。它的花语是恬静、宽和。

牛繁缕

◉ 繁殖力很强的杂草

牛繁缕为石竹科植物，全株光滑，仅在花序上有白色短软毛。茎柔弱，多分枝，表面略带紫红色，在嫩枝梢处更加明显，常匍匐生长于地面。叶为长2~5.5厘米、宽1~3厘米，顶端渐尖、基部心形的卵形或宽卵形，对生，全缘或波状，上部叶没有叶柄，下部叶有叶柄。花梗细长，花5瓣，白色，生于枝端或叶腋。蒴果卵圆形，5瓣裂，每瓣顶端再2裂。种子为褐色的近圆形，上有显著的刺状突起。花期4~5月，果期5~6月。

牛繁缕的生命力强，繁殖力极其旺盛，是危害农作物的典型性杂草。其危害主要表现在：在农作物的生长前期，与农作物争水、肥和生长空间和阳光；在农作物的生长后期，蔓延速度快，给农作物的收割造成不便。

◉ 防治及管理

牛繁缕不仅生命力强、繁殖快，且抗药性强，是严重危害中国夏熟作物的恶性杂草。因此清除牛繁缕主要是靠人工加强田间管理。在冬季作物中，可使用异丙隆对土壤进行处理，同时也可以使用草除灵在后期进行茎叶处理。

五感之尝一尝

味微甘

牛繁缕全草可药用，食之有微微的甘味，内服可祛风、解毒，外敷治疗疮，新鲜苗捣汁服，有催乳作用。

科属：苋科，青葙属	别名：百日红、狗尾草
花期：5~8 月	分布：俄罗斯、印度、日本、泰国、缅甸、越南、中国

青葙

⊙ 凸透镜状肾形的种子

青葙为一年生草本植物，植株无毛。茎直立，上有明显条纹，有分枝，绿色或红色。叶片为顶端急尖或渐尖，有小芒尖的矩圆披针形、披针形或披针状条形，少数卵状矩圆形，绿色中带红色。花多数，密生，塔状或圆柱状穗状花序；苞片为光亮的白色，顶端渐尖；花被片矩圆状披针形，开始为白色顶端带红色，有的为全部粉红色，后变成白色；花丝细长，花药紫色，花柱紫色。胞果卵形，包裹在宿存花被片内。种子为有光亮的凸透镜状肾形，表面黑色或红黑色，易粘手，种皮薄而脆。花期 5~8 月，果期 6~10 月。

青葙喜温暖，耐热不耐寒。吸肥力强，以有机质丰富、肥沃的疏松土壤最好。喜生于石灰性土壤和肥沃的沙质土壤中，在黏性土壤中也能生长，不宜生长在低洼积水处。

⊙ 花序经久不凋

青葙的花序宿存经久不凋，此外还具有生长缓慢、寿命长、耐修剪、枝间易愈合、极易造型等特点，因此是制作盆景的好材料，也可作切花，作瓶养花时间长，很适宜园林种植以供观赏。

五感之看一看

宿存花序

青葙的花序宿存，经久不凋，且花苞片开始为白色有粉色小尖头，后变为白色，观赏价值很高。药用时，有清肝凉血和明目退翳的功效。

科属：毛茛科，铁线莲属	别名：铁线牡丹、番莲、金包银、山木通
花期：1~2月	分布：广东、广西、江西和湖南等地

铁线莲

⊙ 茎瘦长，有韧性

铁线莲为草本或木质藤本植物。蔓茎瘦长，可达四米，富韧性，全体有稀疏短毛。叶有柄，对生，叶柄能卷缘他物；小叶卵形或卵状披针形，全缘，或2~3缺刻；花单生或组成圆锥花序，钟状、坛状或轮状，由萼片瓣化而成，花梗生于叶腋，长6~12厘米；梗顶开大型白色花，花径5~8厘米；有萼片4~6片，卵形，锐头，边缘微呈波状；雄蕊多数，暗紫色花丝扁平扩大；花柱上有丝状毛或无。一般常不结果。

铁线莲原产于中国，广东、广西、江西、湖南等地均有分布。多生长在低山区的丘陵灌丛中。喜肥沃、排水良好的碱性壤土，忌积水或夏季干旱而不能保水的土壤。耐寒性强，可耐 -20℃低温。

⊙ 形态特征

茎瘦长，有韧性，可长达4米

叶有柄，小叶卵形或卵状披针形

花梗顶开大型白色花，萼片4~6片

五感之看一看

花梗顶开大型白色花

铁线莲花梗生于叶腋，在梗顶开大型白色花朵，花径5~8厘米；有卵形萼片4~6片，边缘微呈波状。

科属：桑科，桑属　别名：桑树

花期：3~5月　分布：世界各地均有栽培

桑树

◉ 核果密集成聚花果

　　桑树为落叶灌木或小乔木，高3~15米。树皮灰白色，有条状浅裂。单叶互生；叶柄长1~2.5厘米；叶片卵形或宽卵形，先端锐尖或渐尖，基部圆形或近心形，叶边缘有粗锯齿或圆齿，有时有不规则的分裂，上叶面无毛，有光泽，下叶面脉上有短毛，托叶披针形，早落。花单性，雌雄异株；雌、雄花序均排列成穗状柔荑花序，腋生；核果，多数密集成一卵圆形或长圆形的聚花果，初熟时为绿色，成熟后变肉质、棕红色、黑紫色或红色，也有品种果熟后呈乳白色，有短果梗。种子小。

　　桑树喜温暖湿润的气候，稍耐阴。气温12℃以上开始萌芽，生长适宜温度为4~30℃。耐旱、耐瘠薄、不耐涝，对土壤的适应性强，在各类土壤中都能生长。

◉ 形态特征

叶卵形或宽卵形，边缘有粗锯齿或圆齿。

树皮灰白色，有条状浅裂。

果成熟后为棕红色、黑紫色或红色。

五感之尝一尝

爽口的果实

　　桑葚是桑树的果实，人们常食的水果之一。成熟的果实味微酸而甜、汁多、糖分足，吃起来酸酸甜甜，十分爽口。

科属：蔷薇科，山楂属　　别名：山里果、山里红、酸里红

花期：5~6月　　分布：中国辽宁、河南、山东、吉林、山西、河北等

山楂

⊙ 深红色果实上有浅色斑点

山楂为落叶乔木植物。树皮为暗灰色或灰褐色，较粗糙；小枝为紫褐色的圆柱形，无毛或近于无毛；冬芽为先端圆钝、紫色、无毛的三角卵形。叶片宽卵形或三角状卵形，也有菱状卵形，长 5~10 厘米，宽 4~7.5 厘米，通常两侧有 3~5 回羽状深裂，裂片卵状披针形或带形，边缘有尖锐、稀疏、不规则锯齿，侧脉 6~10 对，有的延伸到裂片先端，有的到裂片分裂处；叶柄上无毛。伞房花序，有花梗，苞片膜质，线状披针形，萼片三角卵形至披针形，先端渐尖，花瓣为白色的倒卵形或近圆形，花药粉红色；花柱 3~5 个。果实近球形或梨形，深红色，上有浅色斑点；内有小核 3~5 粒，外面稍有棱，内面两侧平滑；萼片脱落迟，先端留一圆形深洼。花期 5~6 月，果期 9~10 月。

⊙ 药食兼用的山楂

山楂是中国特有的药食兼用的树种，它的果可生吃或制作果糕果脯。干制后可入药，有降血脂、降血压、强心和抗心律不齐等功效，同时又是消食、健脾开胃和活血化淤的良药，对胸膈痞满、血淤和闭经等症有很好的疗效。

> **五感之尝一尝**
>
>
>
> **酸味果实**
>
> 山楂果味酸，加热后酸味更浓，不宜多吃，以免损坏牙齿，在食用后应立即刷牙。此外，脾胃虚弱者、血糖过低者不宜食用，孕妇忌用。

| 科属：石竹科，丝石竹属 | 别名：丝石竹、霞草 |
| 花期：6~8 月 | 分布：欧洲、亚洲、北美洲 |

满天星

⊙ 形态特征

伞房花序花多，花序直径 4~6 厘米。

花瓣倒卵形或近圆形，白色，花药粉红色。

叶宽卵形或三角状卵，两侧有 3~5 回羽状分裂。

果有绿色果柄，长 2~3 厘米。

果近球形或梨形，深红色，上有浅色斑点。

果核外面稍有棱，内面两侧平滑。

⊙ 花瓣为白色或淡红色匙形

满天星为多年生草本植物。茎直立单生，极少数丛生、有分枝。叶片披针形或线状披针形。圆锥状聚伞花序；苞片为急尖的三角形；花萼为有紫色宽脉的宽钟形；花瓣为白色或淡红色的匙形；花药圆形。蒴果球形。种子为红褐色的圆形。

五感之看一看

晶莹洁白的花

满天星的花形柔美，晶莹洁白，清丽高雅，绽放时如繁星点点，因此常被用作花束的装饰。

延龄草

◉ 花被片两轮

延龄草为多年生草本植物。茎丛生于粗短的根状茎上，高 15~50 厘米。叶为表面光滑无皱纹的菱状圆形或菱形，长 6~15 厘米，宽 5~15 厘米，几乎没有叶柄。花被片两轮，外轮花被片为绿色的卵状披针形，长 1.5~2 厘米，宽 5~9 毫米，内轮花被片白色，少有淡紫色，卵状披针形；花梗长 1~4 厘米；花柱长 4~5 毫米；花药顶端有稍突出的药隔，长 3~4 毫米，短于花丝或与花丝近等长；子房圆锥状卵形，长 7~9 毫米，宽 5~7 毫米。浆果为黑紫色的圆球形。种子多数，卵形，褐色。花期 4~6 月，果期 7~8 月。

延龄草性喜阴凉潮湿的环境，在华中自然条件下，生长在海拔 1400 米以上的高寒地带。

◉ 几近灭绝的延龄草

延龄草物种濒危，几近绝迹。这主要是由于过度砍伐森林，严重破坏了林下延龄草的生长环境，使延龄草的分布范围日趋缩小，再加上延龄草的根茎可以入药，致使挖掘过量，其种子发芽率很低，不易成活。这些因素致使延龄草种群数量逐渐减少。

五感之看一看

优雅的花朵

延龄草的花有两轮，人们看到的主要是内轮的白色花瓣。它的花语是美貌、优雅的人。

科属：伞形科，水芹菜属	别名：水英、细本山芹菜、牛草、刀芹
花期：6~7月	分布：中国长江流域、日本北海道、印度、缅甸、越南

水芹

⊙ 花瓣有一长而内折的小舌片

　　水芹为多年生草本植物。高15~80厘米，茎直立或基部匍匐。基生叶有长柄，达10厘米。叶片轮廓为1~3回羽状分裂的三角形，末回裂片卵形至菱状披针形，边缘有牙齿或圆齿状锯齿；茎上部叶无柄，裂片和基生叶的裂片较小。复伞形花序顶生，花序梗长2~16厘米；有不等长、直立或展开的伞辐6~16个；小伞形花序有花20余朵，有短花柄；花瓣白色，倒卵形，有一长而内折的小舌片；花柱基圆锥形，直立或两侧分开。果实近似四角状椭圆形或筒状长圆形，木栓质。

　　水芹性喜凉爽，忌炎热干旱，多生长在河沟、水田旁，以土质松软、富含有机质、保肥保水力强的黏质土壤最为适宜。

⊙ 种植效益好

　　水芹对天气、土壤和生长环境要求不严格，且产量高而稳，病虫害少，是人们喜爱的无公害蔬菜。又因其上市时间为大多数蔬菜上市的淡季，是堵冬缺的蔬菜品种之一。再加上元旦和春节的市场带动，因此其种植效益较好。

五感之尝一尝

脆嫩水芹

　　水芹的营养价值很高，含有多种微量元素和蛋白质，吃起来风味脆嫩，味道鲜美。多吃水芹有降血压、降血脂、清热和利尿的功效。

山芹

◉ 疏松圆锥状花序

山芹为多年生直立草本植物。根圆锥形，黄褐色，密生。茎直立，中空，有叉状分枝，表皮常带紫红色，有纵深沟纹。叶片轮廓近三角形，2~3 回羽状分裂，基生叶有长柄，茎生叶叶柄较短，中央小叶为广菱形、菱状卵形或广卵形，叶光滑、无毛。夏季开白色小花，有时带紫红色，为顶生及腋生的复伞形花序，伞梗 3 条或更多，有不等长的圆锥状分枝，小伞梗 2~4 条，使花序呈疏松圆锥状。花瓣 5 片，先端长而内弯。长椭圆形的双悬果，有 5 棱。花期 7~8 月，果期 8~9 月。

山芹多生长在低山林边、沟边、田边湿地或沟谷草丛中。在我国多分布在辽宁、吉林、黑龙江等省山区针阔叶混交林、杂木林下和沟谷湿地。耐寒，喜不积水、土层深厚、湿润和有机质含量高的沙质土壤。

◉ 形态特征

叶片轮廓近三角形，2~3 回羽状分裂。

顶生或腋生的白色小花。

果为长椭圆形，有 5 棱。

五感之闻一闻

植株有香气

山芹整株闻起来都有微微的香气，因此学名又叫短果茴芹，是芹菜中的高级珍菜。

科属：唇形科，紫苏属	别名：白苏、赤苏、红苏、香苏、黑苏
花期：8~11 月	分布：浙江、江西和湖南等地

紫苏

◉ 有独特芳香

　　紫苏为一年生直立草本植物，茎高 0.3~2 米，颜色为紫色或者绿色，为钝四棱形；叶片多皱缩卷曲，完整者展平后呈卵圆形，先端长尖或急尖，基部圆形或宽楔形，边缘有圆锯齿，两面紫色或上面绿色，下表面有多数凹点状腺鳞，叶柄长 2~5 厘米，紫色或紫绿色，质脆；嫩枝紫绿色，断面气清香，味微辛；叶的边缘有粗锯齿；轮伞花序，近圆形或者宽卵圆形苞片，先端短尖，外面有红褐色腺点，边缘膜质；钟形花萼；花冠的颜色为白色至紫红色，花冠外面略有柔毛；花丝扁平；灰褐色小坚果近球形，上有网纹。

　　紫苏的适应性很强，对土壤要求不严，在排水良好的沙质壤土、黏壤土上生长良好。

◉ 形态特征

花冠的颜色为白色至紫红色

小坚果近球形，灰褐色

叶阔卵形或圆形，钝四棱形，边缘有粗锯齿

五感之看一看

独特的叶子

　　紫苏的叶子为阔卵形或圆形，边缘在基部以上有粗锯齿，膜质或草质，两面绿色或紫色，或仅下面紫色。

科属：百合科，葱属	别名：山韭、起阳草、宽叶韭
花期：8~9月	分布：中国各地均有分布

野韭菜

⊙ 独特的弦状根

　　野韭菜为须根系植物。弦状根，分布浅，有条形至宽条形的根状茎，绿色，上有明显的中脉在叶背突起，外皮有白色的膜质。夏秋抽出圆柱状或略呈三棱状的花薹，高20~50厘米，下部有叶鞘；总苞片早落。伞形花序顶生，近球形，有多数花密集；小花梗近等长，8~20毫米，较纤细，基部没有小苞片；花为白色的披针形至长三角状条形，内外轮等长，在先端渐尖或有不等的浅裂，长4~7毫米，宽1~2毫米。果实为倒卵形蒴果。种子黑色。

　　野韭菜喜温暖、潮湿和稍阴的环境。其根系分布浅，地上部分长势旺盛，因此栽培时宜选择疏松、肥沃、保水力强的土壤。

⊙ 形态特征

花为白色的披针形至长三角状条形。

茎为条形至宽条形，绿色。

花薹为圆柱状或略呈三棱状。

五感之尝一尝

味微辛的花、茎、叶

　　野韭菜的花、茎、叶均可食，味微辛，可用于拌、腌、炒、做汤、制粥、调馅等。

科属：百合科，黄精属	别名：铃铛菜，葳蕤
花期：5~6月	分布：中国、欧亚大陆温带地区

玉竹

⊙ 黄绿色至白色的花朵

　　玉竹为多年生草本植物。横走的根状茎为圆柱形，直径5~14毫米，肉质黄白色，下部须根密生多数。叶为先端尖的椭圆形至卵状矩圆形，互生，长5~12厘米，宽3~16厘米，叶上面绿色，下面灰白色。花腋生，黄绿色至白色，花被筒较直，花丝丝状，近平滑或有乳头状突起；花药长约4毫米；子房长3~4毫米，花柱长10~14毫米。浆果蓝黑色，直径7~10毫米，内有种子7~9颗。花期5~6月，果期7~9月。

　　玉竹原产中国西南地区，野生分布很广。玉竹耐寒，耐阴湿，喜潮湿环境，忌强光直射与多风，多生长在凉爽、湿润、无积水、土层深厚和富含腐殖质的疏松土壤中。

⊙ 形态特征

花腋生，呈黄绿色至白色。

根茎肉质黄白色，切厚片或段供药用。

叶互生，先端尖，椭圆形至卵状矩圆形。

五感之看一看

腋生枝间的小花

　　玉竹枝条优美，一串串黄绿色至白色小花从枝间腋生，是难得一见的美景。

科属：车前科，车前属	别名：窄叶车前、欧车前、披针叶车前
花期：5~6 月	分布：中国辽宁、陕西、山东、浙江、新疆、甘肃、云南等

长叶车前

⦿ 先端膜质的苞片

长叶车前为多年生草本植物，植株高30~50厘米。根茎粗短，不分枝或少有分枝。基生叶为直立或外展的披针形或椭圆状披针形，叶片纸质。穗状花序幼时常呈圆锥状卵形，成长后变短圆柱状或头状，花序3~15个，花序梗直立或弯曲上升；苞片为先端膜质、密被长粗毛的卵形或椭圆形。花冠白色，无毛，冠筒约与萼片等长或比萼片稍长，裂片为先端尾状急尖的披针形或卵状披针形，中脉明显，干后淡褐色；花药为白色至淡黄色的椭圆形，顶端有卵状三角形小尖头。蒴果狭卵球形，在基部上方周裂。果内有狭椭圆形至长卵形的淡褐色至黑褐色的种子6~10粒，有光泽。花期5~6月，果期6~7月。

长叶车前多生长在温湿的草地或路边、海边、河边、山坡草地。

⦿ 晒干制成草粉

长叶车前可在秋末收割全株晒干制成草粉，供冬春饲喂家禽。其种子可入药，具有清热、明目、利尿、止泻、降血压、镇咳和祛痰等功效。

五感之看一看

亭亭玉立的植株

长叶车前的植株亭亭玉立，在花开的季节密被白色花朵，像是一串串的珍珠，晶莹美丽。

| 科属：山茶科，山茶属 | 别名：茶子树、茶油树、白花茶 |
| 花期：10~12月 | 分布：从中国长江流域到华南各地广泛栽培 |

油茶

◉ 背面隆起、腹部扁平的种子

　　油茶为灌木或中乔木植物。叶为革质的椭圆形、长圆形或倒卵形，先端尖有钝头，深绿色叶表面有光泽，中脉上有粗毛或柔毛，叶边缘有细锯齿，有时有钝齿，叶柄上有粗毛，叶柄长4~8毫米。花顶生，几乎没有花柄，苞片为由外向内逐渐增大的阔卵形，约10片；花瓣为白色的倒卵形，5~7瓣；花药黄色，在背部着生；花柱无毛，长约1厘米，在顶端有不同程度的开裂，多为3裂。蒴果球形或卵圆形。种子扁圆形，背面圆形隆起，腹部扁平，表面淡棕色。

　　油茶性喜温暖，不耐寒冷，在年平均气温为16~18℃的地区长势良好。如突遇降温就会造成落花、落果。对土壤的要求不严格，一般适合生长在土层深厚的酸性土壤中，而不适合石块多和土质坚硬的地方。

◉ 种子为重要油料

　　油茶是中国特有的一种纯天然高级油料，同时也是世界四大木本油料之一，主要生长在我国南方亚热带地区的高山和丘陵地带。油茶种子贮藏要注意：将采收的茶果放在空气流通、干燥的地方，摊薄薄的一层，等茶果自然开裂脱粒，将脱粒后得种子放进室内阴干贮藏，也可采用窖藏。

五感之闻一闻

散发淡淡清香的种子

　　油茶的种子闻之有淡淡的清香，可供食用和调药，也可制成蜡烛和肥皂。

冬葵

◉ 7~9 个小分果组成扁球形果实

冬葵为一年生草本植物。茎不分枝，上有密柔毛。叶圆形，常 5~7 裂或角裂，基部心形，裂片为三角状圆形，边缘有细锯齿，叶两面无毛或有稀疏糙伏毛或星状毛，在脉上尤为明显；叶柄较瘦弱，上有稀疏的柔毛。白色小花单生或几个簇生在叶腋，花近无梗或有极短梗；花瓣 5 瓣。果是由 7~9 个小分果组成的扁球形，分果呈橘瓣状或肾形，果实的外表皮为棕黄色，背面比较光滑。肾形种子有坚硬的黑色至棕褐色的种皮，把种子弄破后能看到里面有心形的子叶两片。

冬葵性喜冷凉、湿润的气候，抗寒力强，耐热力弱，忌高温。在温暖地方春、秋两季均可栽培，寒冷地方春季栽培，直接播种或育苗移栽。对土壤要求不严，在保水保肥力强的土壤中更易丰产，不宜连作。

◉ 药用价值高

冬葵有很高的药用价值，全株可入药。它的种子有利水、滑肠和下乳的功效；根有清热解毒、利窍和通淋的作用；嫩苗或叶能清热润燥和利尿除湿，多用于肺热咳嗽、咽喉干燥疼痛和肠燥便秘等症。另外，冬葵的嫩梢、嫩叶还可作蔬菜。冬葵性凉，孕妇慎用。

五感之摸一摸

粗糙的叶子

　　冬葵的叶子两面都有较粗糙的毛，边缘有钝齿，因此摸起来手感不好，甚至有微微扎手的感觉。

科属: 泽泻科,慈姑属	**别名:** 狭叶慈姑、三脚剪、水芋
花期: 7~10 月	**分布:** 中国东北、华北、西北、华东、华南、西南等地

野慈姑

⊙ 挺水叶箭形

野慈姑为多年生水生或沼生草本植物。根状茎横向走,比较粗壮。挺水叶箭形,叶片的长短、宽窄变异很大。叶柄基部渐宽,为鞘状,边缘膜质,有横脉,有时横脉不明显。花葶直立,高而粗壮,总状或圆锥状花序,花单性,轮生,有多轮,每轮花有 2~3 朵,苞片 3 片,先端尖;外轮花被片为椭圆形或广卵形,内轮花被片为白色或淡黄色;花梗短粗;花药为黄色;花丝长短不一,通常外轮的花丝最短,越向里花丝渐长。瘦果为两侧压扁的倒卵形,长约 4 毫米,宽约 3 毫米,背腹两面有不整齐的翅;果喙短,自腹侧斜上。种子褐色。

野慈姑的适应性强,喜温暖湿润的气候,多生长在水肥充足的沟渠及浅水中。

⊙ 药用价值

野慈姑性寒味辛,药用时有清热利胆的功效,可用于解毒疗疮,此外对治疗黄疸、瘰疬、蛇咬伤等也有很好的功效。作草药时,既可以煎汤内服,也可以捣敷或研末调敷。有小毒,慎用。

五感之看一看

奇特叶形

野慈姑最为独特的是它奇特秀美的叶形,叶片长短、宽窄变异很大,尤其引人注目的是挺水叶箭形。

科属：玄参科，泡桐属　　别名：白花桐、泡桐、大果泡桐
花期：3~4月　　　　　　　分布：中国南方诸省、越南、老挝

白花泡桐

⊙ 喜光的速生植物

⊙ 白色管状漏斗形的花冠

白花泡桐为落叶乔木植物。树冠圆锥形、伞形或近圆柱形，幼时树皮平滑而有明显皮孔，老时纵裂，为灰褐色。叶大而有长柄，呈对生的心脏形至长卵状心脏形。花为小聚伞花序，花序呈圆锥形、金字塔形或圆柱形；花冠大，为白色的管状漏斗形，仅背面稍带紫色或浅紫色，管部在基部以上逐渐向上扩大，稍稍向前曲，外面有星状毛，内部密布紫色细斑块；花丝近基处扭卷；花药分叉；花柱上端微弯。蒴果长圆形或长圆状椭圆形，果皮木质。种子有翅。

白花泡桐喜光，喜温暖气候，稍耐阴蔽，耐寒性稍差，尤其是在幼苗期很容易受冻害。对土壤的适应性强，以土质疏松、深厚、排水良好的土壤和黏土壤为佳。对黏重瘠薄的土壤适应性比其他树种强。

白花泡桐是一种喜光的速生植物，原产中国。由于泡桐生长迅速，因而树干很可能会出现中空的现象，因此泡桐的木材材质轻软，比较容易加工。

五感之看一看

不明显唇形的花朵

白花泡桐在春季开出不明显唇形的花朵，且先开花后长叶。花盛开时，挂满枝头，蔚为壮观。

| 科属：石竹科，蝇子草属 | 别名：王不留行 |
| 花期：5~7 月 | 分布：日本、蒙古、俄罗斯、朝鲜及中国大部分省区 |

女娄菜

⊙ 大型圆锥花序

　　女娄菜为一年或二年生草本植物。植株高 30~70 厘米，全株密被灰色短柔毛。根为细长纺锤形，主根较粗壮，稍木质。茎直立，分枝或不分枝。基生叶叶片为基部渐狭、顶端急尖的倒披针形或狭匙形，长 4~7 厘米，宽 4~8 毫米，叶中脉明显；茎生叶比基生叶稍小，叶片呈倒披针形、披针形或线状披针形，对生。大型的圆锥花序，花梗直立，苞片为草质的披针形，有缘毛；花萼为近草质、密被短柔毛的卵状钟形；花瓣白色，倒卵形。蒴果卵形，与宿存萼近等长或比之微长。种子为肥厚的圆肾形，灰褐色，边缘有瘤状突起。花期 5~7 月，果期 6~8 月。

　　女娄菜多生长在海拔 450~4500 米的平原、丘陵、山地、山坡草地或旷野路旁草丛中。

⊙ 药用价值

　　女娄菜到目前尚未有人工引种栽培。它的全草入药，可用于治疗乳汁少、体虚浮肿等症。主要在夏、秋季进行采集，除去泥沙，鲜用或晒干使用，有活血调经、健脾消积和解毒的功效。

五感之看一看

小巧晶莹的花朵

　　女娄菜的花小巧晶莹，花瓣呈白色的倒卵形，是纯洁美好的代表。

科属：十字花科，荠菜属　别名：扁锅铲菜、荠荠菜、地丁菜
花期：4~6月　分布：世界各地均很常见

荠菜

⬢ 白色倒卵形的花瓣

荠菜为当年生或二年生草本植物。白色的根，直挺的茎稍有分枝或不分枝。基生叶呈莲座状，挨地丛生，叶片为有羽状分裂的卵形至长卵形，叶上有毛，叶柄较长；顶生叶最大，长可达12厘米、宽可达2.5厘米，侧生叶片较小，为狭长的卵形，有白色边缘。茎生叶为狭披针形或披针形，边缘有缺刻或锯齿。总状花序顶生或腋生，十字花冠，花瓣为先端渐尖、边缘浅裂或有不规则粗锯齿的倒卵形，每朵花有萼片4片。短角果为倒卵状三角形或倒心状三角形，扁平无毛。种子呈浅褐色的椭圆形。花果期4~6月。

荠菜性喜温暖，只要有充足的阳光，在土壤不太干燥的地方，荠菜都能生长。耐寒力强、对土壤的要求不严格，以肥沃、疏松的土壤为佳。

⬢ 播种注意事项

在正常气候下，春播和夏播的荠菜，生长较快，从播种到采收一般为30~50天。秋播的荠菜，从播种至采收为30~35天，长江流域可延迟到第二年的春天。荠菜植株较小，很容易与杂草混生，造成除草困难。因此，在种植荠菜时要尽量选择杂草少的地块，且要经常除草。

五感之尝一尝

清香荠菜

荠菜本身有淡淡的清香，因此在食用时建议不要加调味品，比如姜、蒜等，以免破坏荠菜本身的绝佳风味。

科属：豆科，车轴草属	别名：白花苜蓿、金花草、菽草翘摇
花期：4~6 月	分布：欧洲、非洲、中国

白车轴草

◉ 密集花朵有 20~80 朵之多

白车轴草为短期多年生草本植物，生长期达 5 年，全株无毛。主根较短，侧根和须根发达。茎为葡匐蔓生，上部稍上升。叶为掌状三出复叶，托叶为膜质的卵状披针形，有较长叶柄，小叶为倒卵形至近圆形，上有小柔毛。球状花序顶生，总花梗比较长，大概比叶柄长 1 倍，花密集，有 20~80 朵之多，花冠为带有微微香气的白色、乳黄色或淡红色。荚果为长圆形。种子为阔卵形，通常有 3 粒。

白车轴草的适应性广，抗热、抗寒性强，喜光和长日照，喜温暖湿润气候，不耐干旱和长期积水，最适合生长在年降水量 800~1200 毫米的地区。喜弱酸性土壤，不耐盐碱，尤其喜欢黏土，也可在沙质土壤中生长，有一定的观赏价值。

◉ 密覆全地

白车轴草在春、秋两季均可播种。春播在 3 月中旬，秋播在 10 月中旬最为合适。其种子细小，在苗期的生长比较缓慢，与杂草的竞争力较弱，且白车轴草出齐后会覆盖全地，很难用机械进行除草，多是人工除草，因此为了减省人力，在播种前要进行精细整地，以便除净杂草，同时要施足基肥。

五感之看一看

群落观赏价值高

白车轴草的叶色、花色美观，是具有一定观赏价值的草本植物。易扩展成群落，一簇簇白色的花开在绿叶间，异常美丽。

碎米荠

◉ 稍扁线形的长角果

碎米荠为一年生小草本植物。茎直立或斜升，下部有时为淡紫色，密披柔毛，上部毛渐少。基生叶有叶柄，小叶 2~5 对，顶生小叶为边缘有 3~5 圆齿的肾形或肾圆形，有明显小叶柄，侧生小叶为卵形或圆形，比顶生的叶小，茎生叶有短柄，生于茎下部的茎生叶与基生叶相似，生于茎上部的顶生小叶为顶端有 3 齿裂的菱状长卵形，侧生小叶为长卵形至线形；所有的小叶两面都有少量的柔毛。总状花序生于枝顶，小花为白色的倒卵形，顶端钝；花梗纤细；萼片为绿色或淡紫色，边缘膜质，长椭圆形，外面有稀疏柔毛；花丝为柱状；花柱极短，柱头为扁球形。长角果线形，稍扁，无毛，果梗纤细。种子椭圆形，顶端有明显的翅。花期 2~4月，果期 4~6 月。

◉ 生长环境

碎米荠生活在海拔 1000 米以下的山坡、路旁、荒地和耕地的阴湿处。对光照要求不严格，在强光和弱光条件下都能生长，相比较而言，更喜欢弱光。对土壤的要求不严，就质地而言，更喜欢疏松的土壤。

五感之看一看

热情的花朵

碎米荠开白色小花，它的花语是热情，这主要是因为它的果实一旦成熟便蹦开向外撒播种子。

科属：菊科，白酒草属　　别名：小蓬草、加拿大蓬、小白酒草

花期：6~9月　　分布：原产北美洲，现世界各地广泛分布

小飞蓬

◉ 白色或微带紫色的小舌状花

　　小飞蓬为一年生或越年生杂草。茎直立，上部多有分枝，茎上有粗糙的毛和细条纹。叶互生，全缘有时有微锯齿，有短叶柄或不明显。幼苗除子叶外全体有粗糙毛，子叶为卵圆形，初生叶为椭圆形。头状花序，密集组成圆锥状或伞房状花序，花梗较短，白色或者微带紫色的直立小舌状花，中部为黄色的筒状花，筒状花比舌状花短。瘦果为扁平状长圆形，果皮为膜质，表面有白色细毛，浅黄色或黄褐色，内含1粒种子。种子成熟后，随风飘扬，落地成活。小飞蓬主要靠种子繁殖，在10月初发芽。

　　小飞蓬常生在旷野、荒地、田边、河谷、沟旁和路边。较耐寒，幼苗和种子能安全越冬，要求土壤的排水性良好，同时周围还要有水分。

◉ 外来入侵植物

　　小飞蓬是外来入侵植物，会产生大量瘦果，瘦果内含种子，借冠毛随风飘散，因此蔓延极快，对秋收作物、果园和茶园危害严重，是一种常见的野草。它还通过分泌化感物质抑制其周围植物的生长，是农民最为讨厌的杂草。

五感之摸一摸

软软的白色柔毛

　　小飞蓬的果实上有很多白色柔毛，摸起来软软的，很是舒服，触感和繁殖方式都与蒲公英相似。

科属：鹿蹄草科，鹿蹄草属　别名：鹿寿草、破血丹、鹿含草
花期：6~8 月　分布：中国大部分省区

鹿蹄草

⦿ 白色稍带淡红色的花冠

鹿蹄草为常绿草本状小半灌木植物。根茎细长横生，有分枝。革质叶基生，椭圆形或圆卵形，也有少数近圆形，上叶面为有光泽的绿色，下叶面常有白霜，有时带紫色。总状花序，密生，稍向下垂，花冠伸开，较大，白色，有时稍带淡红色；花梗长 5~10 毫米，腋间有长 6~7.5 毫米、宽 1.6~2 毫米的长舌形苞片；萼片为先端急尖或钝尖的舌形；花瓣倒卵状椭圆形或倒卵形；花丝无毛；花药为有小角的黄色长圆柱形；花柱常倾斜，带淡红色，近直立或上部稍有弯曲，伸出花冠。蒴果为直径 7.5~9 毫米的扁球形。花期 6~8 月，果期 8~9 月。

鹿蹄草多生长在海拔 700~4100 米的山地针叶林、针阔叶混交林或阔叶林下。

⦿ 形态特征

叶椭圆形或圆卵形，也有少数近圆形。

花密生，白色，稍向下垂。

细长的茎直立，有分枝。

五感之看一看

"害羞"的花朵

鹿蹄草开白色稍带淡红色的花朵，花冠伸展而又微微地向下低垂，像是因害羞而红了脸的姑娘。

科属：三白草科，蕺菜属	别名：狗心草、折耳根、狗点耳
花期：5~6 月	分布：中国江苏、浙江、江西、四川、云南、广西

鱼腥草

➡ 多皱缩的心形叶片

　　鱼腥草为多年生草本植物。皱缩而弯曲的茎为扁圆形，表面为黄棕色，有时紫红色，有纵棱和明显的节，下部节处有须根；质脆，易折断。互生叶多皱缩，展平后为心形，上叶面为暗绿或黄绿色，下叶面为绿褐色或灰棕色，常带紫红色；掌状叶脉 5~7 条；细长叶柄上无毛。穗状花序，花为 4 瓣，白色花瓣。蒴果近球形，顶端开裂。种子多数，卵形。花期 5~6 月，果期 10~11 月。

　　鱼腥草多野生，在阴湿或水边低地常见。喜温暖潮湿的环境，耐寒，在 −15℃的严寒环境下仍能安全越冬。忌干旱，怕强光。以肥沃的沙质土壤及腐殖质土壤最为适宜，不宜生长在黏性和碱性土壤中。

➡ 形态特征

叶多皱缩，展平后为心形。

花为 4 瓣，白色花瓣。

扁圆形茎黄棕色，有时紫红色。

五感之闻一闻

散发鱼腥气味

　　把鱼腥草搓碎后，会散发出鱼腥气味，由此而得名。多用作为草药，性寒凉，归肺经，有清热解毒和消痈排脓的功效。

| 科属：唇形科，野芝麻属 | 别名：地蚤、野藿香、山麦胡 |
| 花期：4~6 月 | 分布：中国东北、华北、华东各省区，朝鲜、日本 |

野芝麻

◉ 矩圆形有纵棱的果实

野芝麻为多年生草本植物。根茎有地下匍匐枝。茎呈类方柱形，直立而中空，长25~50厘米，几乎没有分枝，有棱，呈微紫色，上有稍许柔毛。对生叶多皱缩或破碎，完整者展平后呈心状卵形，先端长尾状，基部心形或近截形，边缘有粗齿，两面都有柔毛；叶柄长1~5厘米。轮伞花序生于上部叶腋内，有线形苞片，钟形花萼多5裂，花冠为皱缩的筒状，灰白色至灰黄色，有微微的香气。矩圆形蒴果，长2~3厘米，有纵棱，外皮有柔毛，分裂至中部或至基部。种子多粒。

野芝麻多为野生，生长在阴湿的路旁、山脚或林下。

◉ 形态特征

叶完整展开后为心状卵形，边缘有粗齿。

花冠为皱缩的筒状，灰白色至灰黄色。

果为矩圆形，有纵棱，内含种子多粒。

五感之尝一尝

全草味微辛

野芝麻多作为民间用药。5~6月采收全草，质脆，味微辛。花可用来治疗子宫疾病、泌尿系统疾病、白带异常及行经困难等症。

科属：菊科，火绒草属	别名：薄雪草、火艾、小毛香
花期：6~9 月	分布：中国安徽、河南、山西、陕西、甘肃等地

薄雪火绒草

◉ 花上密被白色绒毛

　　薄雪火绒草为多年生草本植物。茎直立，高多为 10~50 厘米，不分枝或有伞房状花序枝，很少有长分枝和基部分枝。叶多为狭披针形，下部叶为倒卵圆状披针形，基部急狭，无鞘部，顶端尖，有长尖头，边缘平或稍波状反折，上叶面有稀疏蛛丝状毛，下叶面有银白色或灰白色薄层密绒毛。头状花序多数，较疏散。总苞为钟形或半球形，上有白色或灰白色较密绒毛。花冠长约 3 毫米；小花雌雄异株，雄花花冠呈狭漏斗状，有披针形裂片；雌花花冠为细管状，冠毛白色，基部稍浅红色。瘦果常有乳头状突起或短粗毛。花期 6~9 月；果期 9~10 月。

　　薄雪火绒草通常生长在海拔 1000 米至 2000 米的山地灌丛、草坡以及林下。

◉ 形态特征

叶多为狭披针形，上有稀疏柔毛。

茎直立，很少有分枝。

花上有白色或灰白色密柔毛。

五感之看一看

高大的茎和披针形叶子

　　薄雪火绒草因其植株含水分较少而被用以引火。其变异种较多，但一般都有高大的茎和长圆形或近似披针形的叶子。

蝴蝶兰

⊙ 复杂的花形结构

蝴蝶兰为多年生草本植物。茎很短，常被叶鞘所包。上面绿色、背面紫色的稍肉质叶片呈椭圆形、长圆形或镰刀状长圆形，先端锐尖或钝，基部楔形或有时歪斜，有短而宽的鞘。侧生于茎基部的花序，不分枝或有时分枝；花序柄绿色；花序轴紫绿色，常有数朵由基部向顶端逐朵开放的花；卵状三角形的花苞片；纤细的花梗连同子房都是绿色；花白色；花的中萼片为先端钝、基部稍收狭的、有网状脉的近椭圆形；侧萼片为歪卵形；花瓣为基部收狭呈短爪且上有网状脉的菱状圆形；唇瓣 3 裂，基部有长 7~9 毫米的爪；侧裂片为直立的倒卵形，有红色斑点或细条纹，在两侧裂片之间和中裂片基部相交处有 1 枚黄色肉突；中裂片像菱形，先端渐狭并有 2 条长 8~18 毫米的卷须。

⊙ 生长适温

蝴蝶兰是生长在热带雨林地区的观赏花卉，喜高温、半阴的环境，其越冬温度不能低于 18℃，主要是因为冬季在 10℃以下就会停止生长，低于 5℃容易死亡。

五感之看一看

形似蝴蝶的花朵

蝴蝶兰最为独特的是像蝴蝶的花形，且花色繁多艳丽，纯白、粉红、黄花都有。象征着高洁、清雅的品格。

多样蝴蝶兰

斑叶蝴蝶兰：别名席勒蝴蝶兰；叶大，为长圆形，长 70 厘米，宽 14 厘米，叶背面有灰色和绿色斑纹；淡紫色花直径 8~9 厘米，边缘白色；花期春、夏季。

阿福德蝴蝶兰：叶长 40 厘米，叶面为绿色，且叶面上主脉明显，叶背面带有紫色；花为白色，中央常带有绿色或乳黄色。

台湾蝴蝶兰：是蝴蝶兰的变种；叶大且肥厚，绿色，呈扁平状，并且有斑纹；花瓣上有红色斑点和细条纹；是珍贵稀有兰类，被列为国家二级保护植物。

曼氏蝴蝶兰：别名西双版纳蝴蝶兰；绿色叶长 30 厘米，叶基部黄色，萼片和花瓣为橘红色，带褐紫色横纹；花期 3~4 月。

科属：石竹科，肥皂草属　　别名：石碱花
花期：6~9月　　分布：中国、地中海沿岸

肥皂草

⊙ 宽卵形萼齿有凸尖

肥皂草为多年生草本植物。高 30~70 厘米。有肥厚的肉质主根；直立茎不分枝或上部有分枝，常无毛。椭圆形或椭圆状披针形的叶片，长 5~10 厘米，宽 2~4 厘米，基部渐狭成短柄状，微合生，半抱茎，顶端急尖，边缘比较粗糙，两面均无毛，有 3 或 5 基出脉。聚伞圆锥花序，小聚伞花序有 3~7 朵花；披针形的苞片，长渐尖，边缘和中脉均有稀疏短粗毛；花梗长 3~8 毫米，上有稀疏短毛；筒状花萼绿色，有时为暗紫色，初期上有毛，有不明显的纵脉 20 条，宽卵形萼齿有凸尖；雌雄蕊柄长约 1 毫米；楔状倒卵形花瓣为白色或淡红色，长 10~15 毫米，顶端有微凹缺；线形副花冠片；雄蕊和花柱外露。长圆状卵形蒴果，长约 15 毫米；黑褐色的圆肾形种子，上有小瘤。

⊙ 形态特征

茎直立，不分枝或仅上部有分枝，无毛。

花初为白色或粉红色。

果为长卵状，长约 15 毫米。

五感之看一看

密集小花

肥皂草枝叶浓绿，小花密集，耐旱持久。可与其他花草拼成各种各样的图案，是夏、秋季节及"五一""十一"等节日专用盆摆或地栽花坛布置的理想材料。

Part 2
紫色系

绚烂热闹的紫藤，
神秘的紫花地丁，
略带忧郁的风信子，
都在用那高贵迷人的紫色，
向人们诉说着大自然的美妙。

科属: 柳叶菜科, 柳兰属　　别名: 铁筷子、火烧兰、糯芋

花期: 6~9月　　分布: 中国西南、西北、华北、东北地区以及北美洲、欧洲

柳兰

➲ 花药初为红色, 后变紫红色

柳兰为多年生草本植物, 多为丛生。木质化的根状茎广泛匍匐于地表土层, 从茎基部生出强壮的越冬根, 茎多不分枝或上部有分枝, 茎上无毛, 呈圆柱状。叶螺旋状互生, 披针状长圆形至倒卵形, 没有叶柄, 叶面无毛, 叶边缘有稀疏浅小齿, 稍微反卷。总状花序, 花萼为紫红色的长圆状披针形; 花药为长圆形, 在花开放初期为红色, 开裂后变紫红色; 花粉为蓝色。蒴果上密生白灰色柔毛; 有果梗。种子为先端短渐尖、有短喙的狭倒卵形, 褐色, 表面近光滑但有不规则的细网纹。花期6~9月, 果期8~10月。

柳兰耐寒、喜光、喜凉爽和湿润气候, 稍耐阴, 喜肥沃、排水良好的土壤, 因此主要生长在中国北方、西南山区半开旷或开旷较湿润草坡灌丛、高山草甸和河滩处。

➲ 全草药用价值高

柳兰的药用价值很高。全草有消肿利水、润肠、下乳的功效。它的根状茎入药, 能消炎止痛, 对治疗跌打损伤有良好的效果。柳兰全草炖猪蹄是哺乳初期的妈妈们经常食用的菜谱。

五感之看一看

长大的花穗

柳兰多为丛生, 在花期开出花色艳丽的花朵, 花穗又长又大, 十分壮美。

| 科属：唇形科，薄荷属 | 别名：野薄荷、夜息香 |
| 花期：7~9月 | 分布：北半球的温带地区，中国各地均有分布 |

薄荷

◉ 锐四棱形的茎

薄荷为多年生草本植物。茎直立，高30~60厘米，下部数节有纤细的须根和水平葡匐的根状茎，锐四棱形，有四槽，上部有倒向微柔毛，下部仅沿棱上有微柔毛，多分枝。叶片为长圆状披针形、披针形、椭圆形或卵状披针形，也有少数为长圆形，先端锐尖，基部楔形至近圆形，边缘在基部以上有稀疏的粗大牙齿状锯齿；叶柄长2~10毫米，腹凹背凸，被微柔毛。轮伞花序腋生，小花淡紫色，有梗或无梗；花梗纤细，长2.5毫米，有微柔毛或近于无毛。花萼管状钟形，外有微柔毛和腺点，内面无毛。花冠长4毫米，冠檐4裂，上裂片先端2裂，较大，其余3裂片近等大，长圆形，先端钝。雄蕊4枚，前对较长，均伸出花冠之外；花丝丝状，上无毛；花药卵圆形。

◉ 种植条件

薄荷对土壤的要求不高，在一般土壤均能种植。在选择土壤时，以排灌条件优良、光照充足，且地势平坦、土质肥沃的塘边、水渠边为好。种过薄荷的土地，因为地下残留根会影响产量，因此最好休闲3年左右再种。

五感之闻一闻

清凉芳香

薄荷全株带有一种令人着迷的清凉芬芳，具有令人神清气爽、忘却烦恼的作用。闻过之后，肌肤的每一个细胞都像透着清爽。

羊蹄甲

◉ 近圆形叶先端分裂

羊蹄甲为乔木或直立灌木植物。树皮为较厚、近光滑的灰色至暗褐色。叶为硬纸质的近圆形，先端分裂，裂片先端圆钝或近急尖，叶面无毛或仅下叶面有少数微柔毛，有叶柄，长3~4厘米。总状花序侧生或顶生，纺锤形花蕾，顶短较钝；花瓣为倒披针形的桃红色，花瓣上有明显的脉纹和长瓣柄，花丝和花瓣近等长。荚果为扁平带状，略呈弯镰状，成熟时开裂，将种子弹出。扁平种子近圆形，种皮深褐色。花期9~11月，果期2~3月。

羊蹄甲性喜温暖、阳光和潮湿多雨的环境，不耐寒。喜土层深厚、肥沃和排水良好的偏酸性沙质土壤。在阳光充足的地方，如中国华南各地可露地栽培，其他地区可作盆栽，冬季移入室内。

◉ 形态特征

叶为近圆形，先端分裂。

花瓣为有明显脉纹的倒披针形。

种子近圆形，种皮深褐色。

五感之看一看

鲜艳花朵

羊蹄甲的花期长，且花色鲜艳美丽，是人们常用的庭院观赏植物。

科属：唇形科，夏枯草属	别名：麦穗夏枯草、铁线夏枯草
花期：4~6月	分布：中国河南、安徽、江苏、湖南等省

➲ 花柱裂片为钻形

夏枯草为多年生草本植物。有匍匐根茎，节上生须根。紫红色的钝四棱形茎高20~30厘米，下部伏地，自基部多分枝，有浅槽，上有稀疏的糙毛或近于无毛。草质茎生叶为卵状长圆形或卵圆形，先端钝，基部圆形、截形至宽楔形，下延至叶柄成狭翅，边缘有不明显的波状齿或几近全缘。花序下方的1对苞叶似茎叶，为近卵圆形，无柄或有不明显的短柄。轮伞花序密集组成顶生穗状花序，每一轮伞花序下承以苞片，宽心形的膜质苞片边缘有毛，浅紫色；花萼钟形；花冠紫、蓝紫或红紫色，略超出花萼；花丝略扁平，无毛；花柱纤细，先端裂片为钻形，外弯；花盘近平顶；子房无毛；黄褐色小坚果为长圆状卵珠形，有沟纹。花期4~6月，果期7~10月。

夏枯草

➲ 形态特征

茎高20~30厘米，上升，下部伏地。

叶为草质，边缘有不明显波状齿或近全缘。

花冠为蓝紫、紫或红紫色，略超出花萼。

五感之尝一尝

味辛、苦

夏枯草味辛、苦，有清热平肝和散结消肿的功效，还可配伍桑叶、菊花、决明子等药。

科属：旋花科，打碗花属　　别名：打碗碗花、小旋花、燕覆子
花期：7~9月　　分布：亚洲的东部、南部、马来西亚和中国

打碗花

◉ 长圆形叶片

　　打碗花是多年生草质藤本植物，通常植株矮小，常自基部分枝，有细长白色的根。茎比较细，多平卧。基部叶片为顶端圆、基部戟形的长圆形，上部叶片3裂，中裂片为长圆形或长圆状披针形，侧裂片近三角形，基部心形或戟形。花腋生，花梗比叶柄长，苞片为宽卵形，萼片为顶端钝、有小尖头的长圆形，花冠为钟状的淡紫色或淡红色，冠檐近截形或边缘有微裂。蒴果卵球形。种子为表面有小疣状突起的黑褐色。

　　打碗花喜温和湿润的气候，适应砂质土壤。因此，打碗花总是作为沙质、沙砾质、砾石质土地的优势种出现在海滨地带。在靠近海岸的砾石土上，特别是海水浪花经常可以到达的山坡上，经常以单一群落出现。

◉ 危害性杂草

　　打碗花的地下茎蔓延迅速，经常以群落出现，对农田有较大的危害，甚至在有些地区会成为恶性杂草。主要危害春小麦、棉花和豆类等作物，其中对小麦的危害最为严重，不仅直接影响小麦的生长，而且会导致小麦倒伏，有碍机械收割。

五感之闻一闻

嫩茎叶清新淡雅

　　打碗花嫩茎叶可作蔬菜食用，气味清新淡雅；花入药，外用有止痛的功效；其根有毒，需在医生指导下使用。

科属：菊科，紫菀属	别名：青菀、紫倩、小辫、返魂草
花期：7~9月	分布：中国、朝鲜、日本及俄罗斯的西伯利亚东部

紫菀

⊙ 线形或线状披针形的总苞片

　　紫菀为多年生草本植物。有比较粗壮的直立茎，基部有不定根和疏生的叶子，根上有棱和沟，茎上有稀疏的粗毛。厚纸质叶上面有短糙毛，基部叶在花期枯落，为有长叶柄的长圆状或椭圆状匙形，叶顶端尖或渐尖，边缘有小尖头的圆齿或浅齿。头状花序多数，总苞半球形，有线形或线状披针形的总苞片3层，苞片顶端尖或圆形。舌状花20余个，蓝紫色的舌片。瘦果为紫褐色的倒卵状长圆形，上部有稀疏粗毛。

　　紫菀性喜温暖湿润的气候，耐涝、耐寒性强，怕干旱，因此多生长在阴坡、草地和河边。对土壤的要求不严，除盐碱地和沙质土地外均可种植。尤以土层深厚、疏松肥沃、富含腐殖质和排水良好的沙质土壤栽培为宜。忌连作。

⊙ 药用价值

　　紫菀的药用价值很高，中医认为紫菀具有温肺、下气、消痰和止咳的作用，还对大肠杆菌、痢疾杆菌和变形菌等肠内致病菌有抑制作用。在药用的根茎中，以气微香、味甜微苦、色紫红、质柔韧者为佳。

五感之看一看

浅蓝紫色小花

　　紫菀开浅蓝紫色小花，且花开不断，适用在夏、秋季作为花园中的点缀，也可切下花枝作瓶插配花用。其花语为回忆、真挚的爱。

科属：马鞭草科，假连翘属　　别名：番仔刺、篱笆树、洋刺
花期：5~10月　　　　　　　　分布：原产热带美洲，中国南方常见栽培或野生

假连翘

◉ 总状花序常排成圆锥状

假连翘为灌木植物。枝条常下垂，上有皮刺，嫩枝上有柔毛。叶对生，有纸质的卵状椭圆形、倒卵形或卵状披针形叶片，顶端短尖或钝，基部楔形，叶全缘或中部以上有锯齿，有叶柄，叶和叶柄上均有柔毛。总状花序顶生或腋生，常排成圆锥状，花萼为有毛的管状，先端5裂；花冠通常为稍不整齐的淡蓝紫色，先端5裂，裂片平展，内外均微有毛；花柱比花冠管短。核果为有光泽的球形，熟时红黄色，被扩大的宿萼包裹。

假连翘性喜光、喜温暖湿润气候，抗寒力较低。对土壤的适应性较强，喜肥沃土壤，在贫瘠地生长不良。耐水湿，不耐干旱，因此最好选避风向阳、排水良好、土层深厚和疏松肥沃的沙质土壤栽培。

◉ 叶、果、根有很好的药用价值

假连翘的叶、果、根都有很好的药用价值。在广西，人们常用叶和根来止渴、止痛，而福建地区的人们则用假连翘的果子治疗疟疾和跌打胸痛，用叶治疗痈肿和脚底挫伤、淤血疼痛。药用时需注意，它的叶和果实均有小毒。

五感之看一看

优美树姿

假连翘的树姿优美，在早春时节先花后叶，且花期长、花量多，盛开时淡紫色花朵遍布，芬芳四溢，随后果子成熟，满眼金黄色，赏心悦目。

| 科属：茄科，枸杞子属 | 别名：甜菜子、红耳坠、地骨子 |
| 花期：6~10 月 | 分布：中国、朝鲜、日本 |

枸杞子

◉ 淡紫色漏斗状的花冠

　　枸杞子为多分枝灌木植物。枝条因细弱而呈弓状弯曲或俯垂，为淡灰色，上有棘刺和纵条纹，小枝顶端锐尖成棘刺状。纸质叶为单叶互生或 2~4 枚簇生，为顶端急尖、基部楔形的卵形、卵状菱形、长椭圆形、卵状披针形；有短叶柄。花在长枝上单生或双生于叶腋，在短枝上则同叶簇生；花梗向顶端渐增粗；花萼通常为 3 中裂或 4~5 齿裂，裂片少有缘毛；花冠为淡紫色的漏斗状；花柱上端弓弯，柱头绿色。浆果为红色的卵状、长矩圆状或长椭圆状，顶端尖或钝。黄色种子为扁肾脏形。

　　枸杞子性喜冷凉气候，耐寒力较强。在 -25℃条件下可安全越冬而无冻害。根系发达，抗旱能力强，在干旱荒漠地仍能生长；不耐湿。在土层深厚、肥沃的土壤中栽培最好。

◉ 较高的食用价值

　　枸杞子的食用价值高。嫩叶可以作为蔬菜，枸杞芽菜在广东、广西地区非常受欢迎；枸杞子还可以制成各种食品、饮料、保健酒等；种子还可以制成食用油——枸杞子油。

五感之看一看

树形、花、叶、果

　　枸杞子是良好的盆景观赏植物，它们有婀娜的树形，苍翠的叶子，淡紫色的小花，鲜红的果实，看起来十分美丽。

| 科属：唇形科、益母草属 | 别名：益母蒿、益母艾、红花艾 |
| 花期：6~9 月 | 分布：中国、俄罗斯、朝鲜、日本 |

益母草

⊙ 叶轮廓变化大

益母草为一年生或二年生草本植物。茎直立，多分枝，为有槽的钝四棱形，在节和棱上有密集的倒向糙伏毛。叶轮廓变化很大，茎下部叶轮廓为基部宽楔形的卵形，掌状 3 裂，裂片呈长圆状菱形至卵圆形，在裂片上再分裂，叶脉明显，叶柄纤细；茎中部叶轮廓为较小的菱形，通常分裂成 3 个或多个长圆状线形的裂片。轮伞花序腋生，有花 8~15 朵，没有花梗；管状钟形的花萼外面贴生有微柔毛，花冠为粉红至淡紫红色。小坚果为光滑的长圆状三棱形，淡褐色，顶端截平而略宽大，基部楔形。

益母草性喜温暖湿润气候，喜阳光。对土壤要求不严，一般土壤和荒山坡地都可种植，以较肥沃的土壤为佳，对水分的需求量大，但不宜积水，怕涝。

⊙ 重要的药用植物

益母草是治疗妇科病的重要药用植物，其性凉，味苦。在夏季生长茂盛时采摘，有活血、祛淤、调经的功效，可用于辅助治疗女性月经不调、产后血晕、尿血等症。

五感之看一看

淡紫红色的花瓣

在夏季，益母草淡紫红色的花瓣成为一簇，在微风中向人们招手，十分美丽。而且，随着栽培技术的完善和提高，人们又培育出了白花变种的益母草。

科属：唇形科，野芝麻属	别名：珍珠莲、莲台夏枯草
花期：3~5月	分布：中国江苏、浙江、四川、广东、福建、湖南等地

⊙ 茎为带浅槽的四棱形

宝盖草

宝盖草为一年生或二年生植物。茎高10~30厘米，基部多分枝，形状为带浅槽的四棱形，深蓝色，中空，几乎没有毛。茎下部叶有长柄，上部叶没有叶柄，叶片为半抱茎的圆形或肾形，边缘有很深的圆齿，顶部的齿通常比周围的大，叶片两面均有稀疏的小糙伏毛。轮伞花序有花6~10朵，苞片为边缘有缘毛的披针状，管状钟形的花萼外面密被白色直长柔毛，内面除萼上被白色直伸长柔毛外，余部无毛，披针状锥形的萼齿为5，边缘有缘毛；花冠紫红或粉红色；花药上有长硬毛；杯状花盘有圆齿。小坚果为先端近截状、基部收缩的倒卵圆形，有三棱，淡灰黄色，表面有白色大疣状突起。

宝盖草性喜阴湿、温暖的气候，常生长在路旁、林缘和沼泽草地等。

⊙ 药用价值

宝盖草的药用价值主要体现在它有清热利湿、活血祛风和消肿解毒的功效。可用于辅助治疗黄疸型肝炎、淋巴结核、高血压和半身不遂等症；外用时，主要用于治疗跌打损伤和骨折等症。

五感之看一看

半抱茎的叶子

宝盖草的叶为半抱茎的圆形或肾形，边缘有深圆齿，叶形独特可爱，令人驻足观望。

科属：菊科，蓟属　　别名：小蓟、青青草、蓟蓟草

花期：5~9月　　分布：除中国西藏、云南、广东、广西外，其他省区都有

刺儿菜

◉ 覆瓦状排列的总苞片

刺儿菜为多年生草本植物，有匍匐的根茎。茎上有棱，幼茎上有白色的蛛丝状毛。基生叶和中部茎叶为顶端钝或圆形、基部楔形的椭圆形、长椭圆形或椭圆状倒披针形，通常没有叶柄，上部茎叶渐渐变为椭圆形、披针形或线状披针形，叶边缘有细密的针刺。头状花序单生茎端，有的植株有少数或多数头状花序在茎枝顶端排成伞房花序；总苞为直径1.5~2厘米的卵形、长卵形或卵圆形；总苞片为覆瓦状排列6层，膜质且有短针刺，向内层逐渐伸长。小花紫红色或白色。瘦果为压扁的淡黄色的椭圆形或偏斜椭圆形，顶端斜截形，果上有多层污白色的冠毛，整体脱落。果期5~9月。

刺儿菜是中生植物，在任何气候条件下都能生长，多群生在路边、村庄附近。

◉ 可作动物食料

羊、猪喜食幼嫩时期的刺儿菜，牛、马较少采食。刺儿菜的植株在秋后仍保持绿色，可带根采回，去掉泥土，茎切碎用以喂猪。刺儿菜在老时上有硬刺，不能再作为动物的食料，因此利用期为5~7月。

五感之看一看

针形花朵

刺儿菜花如其名，其花瓣针形，呈覆瓦状排列6层，就像是被聚合起来的针刺一样。

科属：十字花科，诸葛菜属	别名：菜子花、二月蓝、紫金草
花期：4~5 月	分布：中国东北、华北及华东地区

诸葛菜

◉ 紫色筒状的花萼

　　诸葛菜为一年或二年生草本植物。植株无毛，有单一直立的茎，为浅绿色或带紫色。叶形变化比较大，基生叶及下部茎生叶为大头羽状全裂，顶裂片为顶端钝、基部心形且有钝齿的近圆形或短卵形，侧裂片有卵形或三角状卵形的叶片 2~6 对，越向下越小，叶轴上偶尔有极小裂片，全缘或有齿，叶柄上有稀疏的细柔毛；上部叶为顶端急尖、基部耳状、抱茎的长圆形或窄卵形。花为紫色、浅红色或褪成白色，有花梗和紫色筒状的花萼，萼片长约 3 毫米；花瓣宽倒卵形，密生细脉纹。长角果线形，上有 4 棱，有果梗。种子为稍扁平、有纵条纹的卵形至长圆形，黑棕色。

　　诸葛菜对土壤光照等条件要求较低，耐寒旱，生命力顽强。

◉ 自繁能力强

　　诸葛菜的自繁能力很强，且不需精细管理，播种后能自成群落。每年 5~6 月，种子成熟，然后自行落入土中，到 9 月就会长出绿苗，小苗能安全越冬，第二年的夏天结籽，年年延续。

五感之看一看

紫色花朵

　　诸葛菜自繁能力强，多群落生长，在冬季绿叶葱翠，在春季紫色花朵从下到上陆续开放，就像一片蓝紫色的海洋，十分壮美。

科属：菊科，大丽花属　　别名：大理花、天竺牡丹

花期：6~12月　　分布：原产墨西哥热带高原，现世界各地广泛栽培

大丽花

⊕ 巨大棒状块根

大丽花为多年生草本植物，有巨大的棒状块根。直立茎有分枝。叶1~3回羽状全裂，裂片为卵形或长圆状卵形，上部叶有时不分裂，叶面无毛。有较大的头状花序，长花序梗常下垂，宽6~12厘米。总苞片外层约5个，为内层膜质的卵状椭圆形、椭圆状披针形。舌状花1层，为白色，红色，或紫色的卵形，顶端有不明显的3齿，或全缘。瘦果为黑色扁平的长圆形，长9~12毫米，宽3~4毫米，有2个不明显的齿。花期6~12月，其中，9月下旬开的花最大、最艳、最盛；果期9~10月。

大丽花喜凉爽半阴的环境，不耐干旱，不耐涝，一般盆栽见土干则浇透水，做到见湿见干。适合在土壤疏松、排水良好的肥沃沙质土壤中进行栽培。

⊕ 经济价值

大丽花的种植难度小，一般家庭都可种植，且花期比较长，3月下旬将块根种下，到6月中旬就可以开花，一直到霜降时期，既美化了庭院，又能给农户带来经济收益，因此，在庭院种植是一个很好的栽培大丽花的方向。

五感之看一看

花色、花形多样

大丽花花色多样，有红、紫、白、黄、橙、墨、复色七大色系，花朵有球形、菊花形、牡丹形、装饰形、碟形、盘形、绣球形和芍药形等，色彩瑰丽。

多样大丽花

光辉： 巨大花型品种的典型代表；花冠呈深橘黄色，花瓣有细腻的光泽；开花晚，始花期为9月中旬，10月下旬达到盛花期，11月下旬谢花。

朱莉： 一个小巧玲珑的品种，同时是典型的睡莲型大丽花，粉红色的花瓣层层抱合排列；7月上旬进入始花期，一直到10月下旬谢花。

玫红白尖： 花蕾呈黄绿色，花瓣里面呈红色、尖端呈白色；始花期为7月下旬，9月上旬进入盛花期；抗寒能力较好，适合在我国东北、华北等地区种植。

白璧无瑕： 从加拿大引进的小花型品种，适应性强；花瓣洁白，花冠中心为淡黄色。花期较早，从盛夏到深秋，单朵花寿命为30天左右。

红门兰

⊙ 珍稀物种红门兰

⊙ 花倒置

红门兰为多年生草本植物，高15~40厘米。叶为基部有鞘的长圆状披针形，互生。穗状花序顶生，花紧密排列，成为比较粗大的圆柱状花穗；花瓣通常为粉红色、紫红色、白色、黄绿色或黄色，花倒置，即唇瓣位于下方，唇瓣顶端3~4裂或为微裂如波状牙齿形，子房为圆柱状纺锤形，扭转，上无毛。

红门兰性喜阴、喜湿润，忌阳光直射和干燥，多生长在空气湿度大且空气流通较好的地方，一般生于海拔630~3800米的山腰谷壁、透水和保水性良好的倾斜山坡或石隙、稀疏的山草旁，其次多生在杂木林荫下。红门兰适合生长在富含腐殖质的沙质土壤，且排水性能必须良好，栽培时应选用腐叶土或含腐殖质较多的山土、微酸性的松土或含铁质的土壤。

红门兰是珍稀物种，也是我国的二级保护植物，在我国主要分布在海拔700~4700米的西南、西北、东北以及台湾高山地区的山坡林和高山草甸。红门兰作药用时，有滋补心肾、生津止渴和健脾胃的功效，主要用来治疗烦躁口渴、不思饮食、阴液不足和月经不调。

五感之看一看

粗大的穗状花序

红门兰为顶生的穗状花序，很多小花紧密排列成为粗大的花穗，淡紫红色的花穗十分美丽。

多样红门兰

宽叶红门兰：粗壮的茎直立，中空，基部有2~3枚筒状鞘，鞘上有叶；花为蓝紫色、紫红色或玫瑰红色；花瓣直立，唇瓣向前伸展，卵形、卵圆形、宽菱状横椭圆形或近圆形。

广布红门兰：植株高5~45厘米；花为紫红色或粉红色；花瓣直立，呈斜狭卵形、宽卵形或狭卵状长圆形，先端钝，边缘没有睫毛。

齿缘红门兰：直立茎为圆柱形，花淡粉红色；萼片先端稍钝，为披针状长圆形，唇瓣向前伸展，呈近圆形；产于中国云南西北部，多生长在山坡林下。

清水红门兰：花瓣稍带粉红色，且上有红色斑点，为先端钝的长圆形或卵状长圆形；产于中国台湾省东部，多生长在山地、苔藓类生长的岩石上。

科属：兰花科　别名：穿藤金兰花、铁交怀
花期：8~9月　分布：中国华中、华南及西南等地

蝴蝶草

⊙ 花冠上有淡黄绿色团块

蝴蝶草为多年生缠绕草本植物。蔓生茎纤细，长约70厘米，其上对生三角状狭卵形至五角状披针形的叶子，叶有短柄，基部微心形乃至圆形。幼时基生叶为卵圆形至椭圆形，叶片为十字形对生的4片，2大2小，叶有3条主脉，上叶面绿色，下叶面红紫色，先端钝圆或尖锐，基部渐狭，没有叶柄。花形比较大，单生于叶腋；萼筒先端5裂，裂片线形；花冠呈玫瑰紫色，基部渐细，先端5裂，裂片三角形，裂片间有稍突出的截形附属片，上有绿色而有淡黄绿色团块。蒴果为淡赤紫色的长球形，直径约8毫米。种子多数，有蜂窝状皱纹。

蝴蝶兰多生长在温带和亚寒带的平原地带，在中国主要分布在华中、华南及西南等地区。

⊙ 主要作为药用植物使用

蝴蝶草味辛、甘，性寒。主要作为药用植物使用，有清热解毒和祛痰止咳的功能。可用于治疗肺痈、肺热咳嗽、疔疮疖肿、乳痈和外伤出血等症。

五感之看一看

美丽花朵

蝴蝶草花朵形状独特，花多为淡紫色至淡蓝色，中间有淡黄绿色斑点，鲜艳引目，深受人们喜爱。

| 科属：唇形科，黄芩属 | 别名：山茶根、土金茶根 |
| 花期：7~8 月 | 分布：中国、俄罗斯的东西伯利亚、蒙古、朝鲜、日本 |

黄芩

⊙ 先端锐尖、微裂的细长花柱

黄芩为多年生草本植物。有肥厚的肉质根茎，茎基部为有细条纹的钝四棱形，近无毛，绿色或带紫色。叶为坚纸质的顶端钝、基部圆形的披针形至线状披针形，上叶面无毛或有稀疏的微柔毛，暗绿色；下叶面色较淡，有短叶柄，上有微柔毛。总状花序在茎和枝上顶生，常在茎顶聚成圆锥花序；花梗与序轴上均有微柔毛；苞片为近乎无毛的卵圆状披针形至披针形；花冠为紫、紫红至蓝色，有扁平的花丝；有先端锐尖、微裂的细长花柱；环状花盘，子房褐色，无毛。小坚果为黑褐色的卵球形，上有瘤。

黄芩性喜温暖、耐严寒，耐旱怕涝，地内积水过多时会生长不良，甚至会根烂致死。因此以沙质土壤最为适宜。忌连作。

⊙ 较长花冠

一年生的黄芩一般出苗后 2 个月开始出现花蕾，二年生及其以后的黄芩，多在返青出苗后 70~80 天出现花蕾，现蕾后 10 天左右开始开花，黄芩的花冠为紫、紫红至蓝色，且比较长，为 2.3~3 厘米。如环境条件合适，黄芩能开花结果到霜枯期。

五感之尝一尝

苦味根

黄芩的根味苦、性寒，入药有清热燥湿、泻火解毒、止血和安胎等功效。对于辅助治疗温热病、上呼吸道感染和肺热咳嗽等症有良好的疗效。

科属：堇菜科，堇菜属　　别名：堇堇菜、葡堇菜
花期：5~10月　　　　　分布：世界各地均有分布

堇菜

⊙ 棍棒状花柱

　　堇菜为多年生草本植物。有短粗的根状茎，斜生或垂直，有很密的节，上有多条须根。地上茎通常数条丛生，平滑无毛，直立或斜升。基生叶叶片为先端圆或微尖、基部宽心形的宽心形、卵状心形或肾形，叶面无毛，叶边缘有向内弯的浅波状圆齿；茎生叶比较少，有叶柄；基生叶的叶柄比茎生叶的叶柄长。小花为淡紫色或白色，生于茎生叶的叶腋，有细弱的花梗；萼片为先端尖的卵状披针形，基部有较短的附属物，末端平截有浅齿，边缘为狭膜质；子房无毛，花柱呈棍棒状，基部细且明显向前弯曲，向上逐渐增粗，柱头2裂，裂片稍肥厚而直立，中央部分稍隆起。蒴果为先端尖的长圆形或椭圆形，上无毛。种子为淡黄色的卵球形，基部有狭翅状的附属物。

⊙ 药用价值

　　堇菜药用功效和紫花地丁相同。多生于湿草地、草坡、田野和屋边，全草供药用时，有清热解毒、凉血消肿和利湿的功效。主要用于治疗疔疮肿毒、痈疽发背、丹毒和毒蛇咬伤等症。

五感之看一看

细长的花梗

　　堇菜的叶子为宽心形、卵状心形或肾形，叶面上没有柔毛；花有细弱较长的花梗，花瓣为高贵的淡紫色。

科属：菊科，藿香蓟属	别名：咸虾花、白花草、白花香草
花期：全年	分布：中国广东、广西、云南等地

胜红蓟

⊙ 头状花序在茎顶排成伞房状

胜红蓟为一年生草本植物，植株高低变化较大，多数高为50~100厘米，有的不足10厘米。没有明显的主根。有淡红色的粗壮茎，上部呈绿色，茎上有白色尘状短柔毛或稠密开展的长绒毛。叶对生，有时上部叶互生，常有腋生的不发育的叶芽；叶基部钝或为宽楔形，顶端急尖，边缘有圆锯齿，叶上有稀疏的白色短柔毛和黄色腺点，有叶柄。头状花序4~18个在茎顶排成紧密的伞房状花序，有花梗，上有尘球短柔毛；钟状或半球形的总苞，长圆形或披针状长圆形的总苞片2层，边缘撕裂，外面无毛；淡紫色或浅蓝色的花冠外面无毛或顶端有尘状微柔毛，檐部5裂。黑褐色瘦果上有白色稀疏细柔毛。长圆形冠毛膜片有5个或6个，顶端急狭或渐狭成长或短芒状。花果期全年。

⊙ 药用植物

胜红蓟多作为药用植物使用，有清热解毒、消肿止血的作用。我国民间用全草治感冒发热、疔疮湿疹、外伤出血和烧烫伤等症。非洲居民把该植物作为清热解毒和消炎止血的草药用。在南美洲，当地居民用该植物全草治女性非子宫性阴道出血。

五感之摸一摸

毛茸茸的花朵

胜红蓟的花朵摸起来毛茸茸的，就像是一个毛球球，手感特别好。但需要注意的是胜红蓟全株有臭味，不要轻易触摸。

锦带花

⊙ 近乎圆筒状的树形

锦带花为落叶灌木植物，高1~3米。树形近乎圆筒状，树皮灰色，幼枝为稍四方形，有2列短柔毛。叶呈顶端渐尖、基部阔楔形至圆形、边缘有锯齿的矩圆形、椭圆形至倒卵状椭圆形，上叶面有稀疏的短柔毛，下叶面密生短柔毛或绒毛，叶脉上有密集的柔毛，有短叶柄至无柄。花单生或呈聚伞花序侧生于短枝的叶腋或枝顶；花萼筒为上有柔毛的长圆柱形，萼齿长约1厘米，深达萼檐中部；花冠呈紫红色或玫瑰红色的漏斗状钟形，直径2厘米，外面有稀疏的短柔毛，裂片开展，不整齐，内面浅红色；花丝比花冠短，花药为黄色；子房上部的腺体为黄绿色，花柱细长，柱头2裂。柱形蒴果上有稀疏的柔毛，顶端有短柄状喙。种子无翅。

⊙ 适应性强

锦带花的适应性强，萌芽力好，对土壤要求不严，以深厚而富含腐殖质的土壤最好。锦带花喜光、耐阴、耐寒，常生长在土壤湿润、海拔800~1200米的湿润沟谷、阴或半阴处。

五感之看一看

艳丽花色

锦带花花期正值春花凋零、夏花不多之际，因此在园林应用上占有重要地位，是中国华北地区主要的早春花灌木。

多样锦带花

美丽锦带花：花浅粉色，叶较小，花期为6~10月；在中国主要分布在华北至华东北部暖温带落叶阔叶林区、南部暖带落叶阔叶林区以及热带落叶、常绿阔叶混交林区。

白花锦带花：锦带花经过杂交孕育的品种，此品种花呈近白色，有微香；叶为阔椭圆形、椭圆形或倒卵形，顶端尾状，基部阔楔形，边缘有锯齿，叶两面主脉密生短柔毛。

花叶锦带花：花冠喇叭状，花色由白逐渐变为粉红色，格外绚丽多彩；叶缘为乳黄色或白色，花期在5月上旬；是观花、观叶的优良植物，丛植、孤植均有很高的观赏性。

红王子锦带花：锦带花的一个园艺品种，是从美国引进的优良树种；花冠为胭脂红色的漏斗状钟形，花朵密集，艳丽悦目，格外美观；在夏初开花，花期可长达1个月。

醉鱼草

◉ 全株有小毒

◉ 顶端有尖头、基部耳状的花药

醉鱼草为灌木植物，高 1~3 米。有褐色的茎皮；小枝有四棱，棱上有窄翅。叶对生，叶片为膜质的卵形、椭圆形至长圆状披针形，顶端渐尖，基部为宽楔形至圆形，边缘全缘有波状齿，上叶面为深绿色，下叶面为灰黄绿色，长 3~11 厘米，宽 1~5 厘米；中叶脉在上叶面凹陷，在下叶面凸起，侧叶脉每边 6~8 条；有较短叶柄。穗状聚伞花序顶生；线形苞片和线状披针形小苞片；钟状花萼，花萼裂片为宽三角形；紫色花冠有微微的芳香，内面有柔毛，花冠管弯曲，花冠裂片为微阔卵形或近圆形；花丝极短；花柱头为卵圆形；花药为顶端有尖头、基部耳状的卵形；子房卵形，无毛。长圆状或椭圆状蒴果上无毛，有鳞片。淡褐色种子较小。花期 4~10 月，果期 8 月至第二年 4 月。

醉鱼草的花、叶及根药用时，有祛风除湿、止咳化痰的功效。兽医们常用枝叶治疗牛便血。此外，全株用作农药时，专杀小麦吸浆虫、蝗虫等。在使用时需注意，全株有小毒。又因其捣碎后投入河中能麻醉活鱼，因此得名"醉鱼草"。

五感之看一看

姹紫嫣红的花朵

醉鱼草喜温暖湿润的气候和肥沃的土壤，其生长适应性很强，花开季节，一片姹紫嫣红的景色呈现眼前。

| 科属：豆科，紫藤属 | 别名：朱藤、藤萝 |
| 花期：4~5月 | 分布：中国、朝鲜、日本 |

紫藤

◉ 茎右旋

紫藤为一年生落叶藤本植物。茎右旋，有比较粗壮的枝，嫩枝上有白色柔毛，后褪净。奇数羽状复叶；早落的托叶为线形；纸质小叶3~6对，为卵状椭圆形至卵状披针形，嫩叶两面均有平伏毛，后褪净；小叶柄长3~4毫米，上有柔毛。总状花序发自种植一年短枝的腋芽或顶芽，花序轴上有白色柔毛；早落苞片为披针形；花芳香，有细花梗；杯状花萼上密被细绢毛；淡紫色花冠上有细绢毛，旗瓣圆形，先端略凹陷，花开后反折，翼瓣长圆形，基部圆，龙骨瓣比翼瓣短，为阔镰形；子房线形，上密被绒毛；花柱上弯，无毛；胚珠6~8粒。倒披针形的荚果上密被绒毛，悬垂枝上不脱落。有褐色圆形种子1~3粒，有光泽。花期4月中旬至5月上旬，果期5~8月。

◉ 花朵可用来制成面食

紫藤的适应性强，耐热、耐寒、耐水湿和瘠薄土壤，生长较快，生命力强。民间常用紫藤的紫色花朵或焯水凉拌，或裹面油炸，制作"紫萝饼""紫萝糕"等风味独特的面食。

五感之看一看

青紫色蝶形花冠

每当4月来临，紫藤上每轴有蝶形花20~80朵。青紫色的蝶形花冠在枝上随风摇曳，十分美丽。

紫花地丁

⊙ 淡褐色的垂直根状茎

紫花地丁为多年生草本植物。没有地上茎，淡褐色的根状茎比较短，垂直，节密生，有数条淡褐色或近白色的细根。基生叶多数，呈莲座状；下部叶片通常比较小，呈三角状卵形或狭卵形，上部叶片呈长圆形、狭卵状披针形或长圆状卵形，也有少数心形，边缘有较平的圆齿，两面均无毛或有短细毛，膜质托叶为苍白色或淡绿色，边缘有稀疏的带有腺体的流苏状细齿或近全缘。花为紫堇色或淡紫色，也有少数白色，喉部色较淡并带有紫色条纹；萼片为先端渐尖的卵状披针形或披针形，边缘有膜质白边；花瓣为倒卵形或长圆状倒卵形，侧方花瓣比较长；卵形子房无毛；花柱呈棍棒状，比子房稍长。长圆形蒴果上无毛。种子为淡黄色的卵球形。

⊙ 白色紫花地丁

紫花地丁性喜光、喜湿润的环境，耐阴也耐寒，对土壤的要求不高，适应性极强，繁殖容易。除人们最常见的紫色紫花地丁外，还有少数紫花地丁开洁白的花朵，花朵只在喉部有紫色条纹。

五感之尝一尝

全草有苦味

在果实成熟时采收全草，洗净晒干，入药有清热解毒、凉血消肿和清热利湿的功效。但咀嚼时有苦味且粘牙。

科属：萝藦科，牛角瓜属	别名：哮喘树、羊浸树
花期：全年	分布：中国云南、四川、广西等地，印度、缅甸、越南

⊙ 紫蓝色辐状花冠

牛角瓜为直立灌木植物，高达 3 米，全株有乳汁。黄白色的茎，较粗壮的枝，幼枝上有灰白色绒毛。叶为顶端急尖、基部心形的倒卵状长圆形或椭圆状长圆形，长 8~20 厘米，宽 3.5~9.5 厘米，叶两面均有灰白色绒毛，老时渐脱落；叶主脉每边有疏离的侧脉 4~6 条；叶柄极短，有时叶基部抱茎。腋生和顶生的聚伞花序，花序梗和花梗上均有灰白色绒毛，花梗长 2~2.5 厘米；花萼裂片为卵圆形，裂片急尖，长 1.5 厘米，宽 1 厘米；紫蓝色花冠为辐状；副花冠裂片比合蕊柱短，顶端内向，基部有距。蓇葖单生，膨胀，端部外弯，长 7~9 厘米，直径 3 厘米，上有短柔毛。种子为广卵形，顶端有白色的绢质种毛，种毛长 2.5 厘米。花果期几乎为全年。

牛角瓜

⊙ 药用价值

牛角瓜药用时使用广泛。在印度，牛角瓜被认为是传统的药用植物，它的根、茎、叶和果有消炎、抗菌和解毒的功效，可用于辅助治疗麻风病、哮喘、咳嗽、溃疡和肿瘤等疾病。它的乳汁具有强心、保肝和镇痛消炎的疗效。

五感之尝一尝

淡涩味的牛角瓜

牛角瓜吃起来有淡淡的涩味，它的根、茎、叶和果均可药用，但须注意茎叶的乳汁有毒，不要轻易触碰。

紫花苜蓿

⊙ 暗褐色螺旋形荚果

紫花苜蓿为多年生草本植物，株高1米左右。有粗壮的根。四棱形的茎直立、丛生以至平卧，无毛或微有柔毛。羽状三出复叶，有大的卵状披针形的托叶，先端锐尖，叶脉清晰；纸质小叶为长卵形、倒长卵形至线状卵形，先端圆钝，基部狭窄，边缘1/3以上有锯齿，叶色浓绿。总状或头状花序有花5~30朵，有挺直、比叶长的总花梗；钟形花萼；花冠深蓝至暗紫色，花瓣有长瓣柄，旗瓣长圆形，先端微凹；子房线形，上有柔毛；短阔形花柱上端微尖，柱头点状。暗褐色的螺旋形荚果，上有不清晰的细脉纹，成熟时棕色。平滑的黄色肾形种子。

紫花苜蓿性喜干燥、温暖、多晴天、少雨天的气候和疏松、排水良好和富含钙质的土壤。

⊙ 枝繁叶茂

紫花苜蓿的再生性很强，刈割后能在很短的时间内恢复对地面的覆盖度，且枝叶繁茂，茎叶柔嫩鲜美。紫花苜蓿适宜生长在有明显大陆性气候的地区，比如田边、路旁、旷野、草原、河岸和沟谷等地，这些地区的气候特点是春季迟临、夏季短促。

五感之看一看

细小种子

紫花苜蓿的顶土力差，主要是因为它的种子细小，幼芽细弱。因此人们在整地时十分精细，力求地面平整、土块细碎、无杂草，一般会对播种地深翻，以便根部能够充分发育。

科属：唇形科，罗勒属	别名：九层塔、金不换
花期：7~9 月	分布：亚洲、欧洲、太平洋群岛、北非等地

罗勒

⊙ 圆锥形主根上有密集须根

罗勒为一年生草本植物或多年生草本植物。圆锥形主根上生出密集须根。钝四棱形的茎直立，上部有微槽，基部无毛，上部有绿色的倒向微柔毛，多分枝。卵圆形至卵圆状长圆形的叶片，先端微钝或急尖，基部渐狭，边缘有不规则牙齿或近于全缘；扁平叶柄上有微柔毛。总状花序顶生于茎、枝上，各部均有微柔毛；细小的倒披针形苞片有色泽，先端锐尖，基部渐狭，无柄，边缘有纤毛；钟形花萼外面有短柔毛；花冠淡紫色，或上唇白色下唇紫红色，伸出花萼，外面在唇片上有微柔毛，内面无毛，冠筒内藏，近圆形裂片近相等，常有波状皱曲；花丝丝状；卵圆形花药；花盘平顶。卵珠形的黑褐色小坚果有 1 个白色果脐。花期通常在 7~9 月，果期 9~12 月。

⊙ 药用价值

原生于亚洲热带区的罗勒有很高的药用价值。其做药用时，有疏风行气、化湿、消食、活血和解毒的作用。可用于辅助治疗外感头痛、腹胀气滞、月经不调、跌打损伤、蛇虫咬伤和皮肤湿疹等症。

五感之闻一闻

花色鲜艳有香气

罗勒是典型的药食两用的芳香植物，它的植株小巧，叶色翠绿，花朵芳香四溢。稍加修剪即可成为美丽的盆景以供观赏。

科属：锦葵科，木槿属　　别名：木棉、荆条、朝开暮落花
花期：7~10 月　　　　　　分布：中国各地均有栽培

木槿

⊙ 对环境的适应性强

木槿为落叶灌木植物。高 3~4 米，小枝上有密集的黄色星状绒毛。叶为先端钝、基部楔形的菱形至三角状卵形，长 3~10 厘米，宽 2~4 厘米，有深浅不同的 3 裂或不裂，边缘有不整齐的齿缺。花单生于枝端叶腋间，钟形花萼上有较密的星状短绒毛，有 5 裂片，裂片为三角形；花有纯白、淡粉红、淡紫、紫红等色，有单瓣、复瓣、重瓣几种。卵圆形蒴果上密被黄色星状绒毛。成熟后的种子为黑褐色的肾形，背部有黄白色长柔毛。

木槿稍耐阴，喜温暖、湿润气候，耐热又耐寒，但在北方地区需保护越冬。对土壤的要求不严格，在重黏土中也能生长。好水湿而又耐干燥和贫瘠，对环境的适应性很强。

⊙ 朝开暮落花

木槿的花期比较长，从 7 月始花开可一直开到 10 月。但就一朵木槿花而言，通常是在清晨开放，第 2 天枯萎，因此又被称为"朝开暮落花"。所以作蔬菜食用的花朵最好在每天早晨采摘。

五感之尝一尝

可吃的花朵

木槿花蕾可以作为蔬菜食用，吃起来口感清脆，完全绽放的木槿花，食之口感滑爽，并且营养价值极高，含有丰富的蛋白质、粗纤维、维生素 C 等营养物质。

多样木槿

雅致木槿：叶为菱形至三角状卵形，长3~10厘米，宽2~4厘米，有深浅不同的3裂或不裂，先端钝，基部楔形，边缘有不整齐齿缺，花粉红色，重瓣，直径6~7厘米。

大花木槿：落叶灌木，高3~4米，小枝上有密集黄色星状绒毛；花桃红色，单瓣；花期7~10月；产于中国广西、福建、江西和江苏等省区。

牡丹木槿：粉红色或淡紫色的钟形花瓣，为重瓣，花瓣为倒卵形，直径7~9厘米；花期7~10月；产于中国浙江、江西、陕西和贵州等省区。

长苞木槿：木槿变种的一种；小苞片与萼片近等长，为线形；花淡紫色，单瓣直径5~6厘米，花瓣为倒卵形，长3.5~4.5厘米；产中国台湾、四川、贵州和云南等省。

牛蒡

⊙ 基生叶边缘有浅波状凹齿或齿尖

牛蒡为二年生草本植物，有粗大的肉质直根和分枝根。粗壮的直立茎高达 2 米，通常带紫红或淡紫红色，多数分枝斜生，全部茎枝上有稀疏的乳突状短毛和长蛛丝毛并混杂有棕黄色的小腺点。宽卵形的基生叶边缘有稀疏的浅波状凹齿或齿尖，基部心形，叶柄很长，可达 32 厘米，上叶面绿色，有稀疏的短糙毛和黄色小腺点，下叶面灰白色或淡绿色。茎生叶与基生叶同形或近同形。头状花序在茎枝顶端排成伞房花序或圆锥状伞房花序，有粗壮的花序梗；卵形或卵球形的总苞，总苞片多层；小花紫红色。浅褐色瘦果为倒长卵形或偏斜倒长卵形，两侧压扁，有多数细脉纹和深褐色的色斑或无色斑。浅褐色冠毛多层，不等长。花果期 6~9 月。

⊙ 形态特征

花为紫红色。

叶为宽卵形。

果为浅褐色。

> **五感之看一看**
>
>
>
> **粗大的肉质根**
>
> 牛蒡的根为粗大的肉质根，长可达 15 厘米，含有人体所必需的各种氨基酸和钙、镁、钠等元素。

科属：百合科，玉簪属	别名：河白菜、东北玉簪
花期：6~7月	分布：中国华东、中南、西南各省，日本也有分布

紫萼

◉ 圆柱状蒴果有三棱

　　紫萼为多年生草本植物。基生叶为卵形至卵圆形，长8~19厘米，宽4~17厘米，先端通常近短尾状或骤尖，基部心形或近截形，很少叶片基部下延而略呈楔形，有侧叶脉7~11对；有叶柄，长6~30厘米。总状花序，花葶从叶丛中抽出，高60~100厘米，有花10~30朵，膜质苞片为矩圆状披针形；花盛开时从花被管向上骤然作近漏斗状扩大，紫色或紫红色；有花梗，长7~10毫米；雄蕊伸出花被之外，完全离生。圆柱状蒴果有三棱。花期6~7月，果期7~9月。

　　紫萼性喜温暖湿润的气候，耐寒、喜阴，忌强烈日光照射，属于阴性植物。对土壤要求不严格，在一般的土壤中均能良好地生长。在北亚热带主要生长在海拔800米以上的自然土壤中。

◉ 形态特征

花为紫色或紫红色的漏斗状。

叶为卵形或卵圆形，先端骤尖。

花葶从叶丛中抽出，高60~100厘米。

五感之看一看

墨绿叶片、紫色花瓣

　　紫萼的叶片为墨绿色，花瓣紫色，且品种很多，有花边紫萼或花叶紫萼，有很高的观赏价值和绿化功能。

科属：锦葵科，锦葵属　　别名：荆葵、钱葵、小钱花
花期：5~10月　　分布：中国各地均有分布

锦葵

⊙ 花瓣匙形，有 5 瓣

　　锦葵是二年生或多年生直立草本植物。高 50~90 厘米，有较多分枝，上有稀疏的粗毛。叶为圆心形或肾形，有 5~7 片圆齿状钝裂片，长、宽几乎相等，基部近心形至圆形，边缘有圆锯齿，两面均无毛或仅叶脉上有稀疏的短糙伏毛；叶柄近无毛，长 4~8 厘米，但上面槽内有长硬毛；托叶为偏斜的卵形，上有锯齿，先端渐尖。花 3~11 朵簇生，花梗长 1~2 厘米，无毛或有稀疏粗毛；长圆形小苞片有 3 片，先端圆形，有稀疏柔毛；宽三角形萼裂片有 5 片，两面均有星状疏柔毛；有 5 瓣匙形花瓣，紫红色或白色，长 2 厘米，先端微缺，爪有髯毛；花丝无毛；花柱分枝 9~11 个，上有微细毛。扁圆形果径 5~7 毫米，肾形分果片有 9~11 个，上有柔毛。肾形种子为黑褐色。

⊙ 形态特征

叶为圆心形或肾形，有 5~7 圆齿状钝裂片。

花为紫红色或白色，有 5 瓣匙形花瓣。

种子为黑褐色的肾形。

五感之看一看

较大植株

　　锦葵的植株较大，且开花、株形不一致，因此多用于花境造景，种植在庭院边角等地以供观赏。

科属：豆科，野豌豆属	别名：两叶豆苗、歪头草、歪脖菜
花期：6~7月	分布：中国东北、华北、西北、华东、华中、西南

歪头菜

⊙ 扭曲果瓣

歪头菜为多年生草本植物。粗壮近木质的根茎，表皮为黑褐色。茎丛生，有棱和稀疏的柔毛，老时渐脱落；茎基部表皮为红褐色或紫褐红色。叶轴末端有细刺尖头，偶尔有卷须，托叶为戟形或近披针形，边缘有不规则齿蚀状；小叶为先端渐尖、边缘小齿状、基部楔形的卵状披针形或近菱形，叶两面均有稀疏的微柔毛。总状花序单一或有少数分支组成圆锥状复总状花序；紫色花萼呈斜钟状或钟状，无毛或近无毛，萼齿明显短于萼筒；花冠为蓝紫色、紫红色或淡蓝色，旗瓣为中部缢缩、先端圆有凹的倒提琴形。扁长圆形荚果无毛，表皮为近革质的棕黄色，两端渐尖，先端有喙，成熟时腹背开裂，果瓣扭曲。种子为扁圆球形，种皮黑褐色的革质。花期6~7月，果期8~9月。

⊙ 形态特征

花为蓝紫色、紫红色或淡蓝色。

叶轴短有细刺尖头和卷须。

托叶戟形或近披针形，上有稀疏微柔毛

五感之看一看

秀丽植株

歪头菜的植株秀丽，艳丽花色为蓝紫色或蓝色，是优良的夏季观花和城市绿化观赏植物，也可以用作地被植物。

千屈菜

⊙ 小聚伞花序组成大穗状花序

千屈菜为多年生草本植物。粗壮的根茎横卧在地下；青绿色方柱形的茎直立，中空，多分枝，略被粗毛或密被绒毛，质硬易折断，断面边缘纤维状。叶为对生或三叶轮生的披针形或阔披针形，顶端钝或短尖，基部圆形或心形，有时略抱茎，灰绿色，质脆，全缘，没有叶柄。小聚伞花序，簇生，因为花梗和总梗都很短，因此花枝全形组成一个大型的穗状花序；苞片为阔披针形至三角状卵形、三角形；直立的附属体为针状；筒状花萼为灰绿色；花瓣为红紫色或淡紫色、基部楔形的倒披针状长椭圆形，着生在萼筒上部，有短爪，稍皱缩；子房2室，花柱长短不一。扁圆形的蒴果全包在宿存花萼内。

⊙ 药用价值

种植在浅水岸边或池中的千屈菜全株性味苦寒。全草入药有清热、凉血的功效，可用于治疗痢疾、溃疡和血崩等症。此外，千屈菜还有抗菌的功用。

五感之看一看

耸立植株

千屈菜的株丛耸立而清秀，花朵繁茂，穗状花序长，花期长，是水景中优良的观赏植物。

科属：菊科，秋英属	别名：秋英、大波斯菊
花期：6~8月	分布：原产美洲墨西哥，现中国栽培甚广

波斯菊

⊙ 花柱上有短突尖的附器

　　波斯菊是一年生或多年生草本植物。纺锤状根上有很多须根，有时近茎基部有不定根。茎无毛或有少量柔毛。叶为二次羽状深裂，裂片为线形或丝状线形。头状花序单生，有很长的花絮梗，总苞片外层为淡绿色、近革质的披针形或线状披针形，上有深紫色条纹，上端长狭尖，内层为膜质的椭圆状卵形；托片平展，上端呈丝状。舌状花为紫红色、粉红色或白色，舌片为有 3~5 个钝齿的椭圆状倒卵形；管状花黄色，管部短，上部圆柱形，有披针状裂片；花柱有短突尖的附器。黑紫色瘦果长8~12毫米，无毛，上端有长喙，有2~3个尖刺。花期6~8月，果期9~10月。

　　波斯菊是喜光植物，耐贫瘠土壤，忌施肥、忌炎热、忌积水，对夏季高温不适应，不耐寒。

⊙ 品种繁多

　　波斯菊有很多品种，如白花波斯菊、金黄波斯菊等，园艺品种分早花型和晚花型两大系统，此外还有单瓣、重瓣之分。

五感之看一看

叶形雅致

　　波斯菊的花色多样，主要有红、白、黄、粉和复色几种。波斯菊代表主要是秋天的花，花语为怜取眼前人。

香薷

⊙ 茎为麦秆黄色，老时变紫褐色

香薷为直立草本植物。有密集的须根。钝四棱形茎上有槽，无毛或有稀疏柔毛，常呈麦秆黄色，老时变紫褐色。叶为边缘有锯齿的卵形或椭圆状披针形，长 3~9 厘米，宽 1~4 厘米，先端渐尖，基部楔状下延成狭翅，上叶面绿色，上有稀疏小硬毛，下叶面淡绿色。穗状花序偏向一侧，由多花的轮伞花序组成；苞片为先端有芒状突尖的宽卵圆形或扁圆形，尖头长达 2 毫米；纤细花梗近无毛，序轴密被白色短柔毛；钟形花萼外面有稀疏柔毛；淡紫色花冠外面有柔毛，上部夹生有稀疏的腺点，喉部上有柔毛，冠筒自基部向上逐渐变宽，至喉部宽约 1.2 毫米；花丝无毛；花药紫黑色；花柱内藏，先端 2 浅裂。小坚果为光滑的长圆形，棕黄色。花期 7~10 月，果期 10 月至第二年 1 月。

⊙ 药用价值

香薷有发汗解表、化湿和中和利水消肿的作用。在炎炎的夏日，用香薷煮粥或泡茶食用，有预防中暑、增进食欲的功效。但需注意，香薷有耗气伤阴的弊端，气虚、阴虚和表虚多汗者不宜使用。

五感之闻一闻

浓郁香气

香薷的枝嫩、穗多、有浓厚的香气且芳香宣散，是药食两用的优良植物。

科属：豆科，野豌豆属	别名：薇、薇菜、山扁豆
花期：6~7月	分布：中国华北、陕西、甘肃、河南、湖北、四川、云南等地

大巢菜

◉ 深褐色的粗壮根茎

大巢菜是灌木状的多年生草本植物，高40~100厘米。全株有白色柔毛。粗壮根茎表皮为深褐色，近木质化，直径可达2厘米，多分支，茎有棱，上有白柔毛。偶数羽状复叶顶端有卷须，托叶2深裂，裂片为披针形；椭圆形或卵圆形的近互生小叶有3~6对，先端钝，有短尖头，基部圆形，两面均有稀疏柔毛，长1.5~3厘米，宽0.7~1.7厘米，有叶脉7~8对，中脉在下叶面凸出。总状花序有花6~16朵，稀疏着生在花序轴上部；较小花冠为白色、粉红色、紫色或雪青色；钟状花萼长0.2~0.25厘米，萼齿为上有柔毛的狭披针形或锥形；倒卵形旗瓣先端微凹，翼瓣与旗瓣近等长，龙骨瓣最短。表皮棕色的荚果为长圆形或菱形，两面急尖。肾形种子有2~3粒，表皮红褐色。

◉ 全草有毒

大巢菜全株有毒，其中在花期和结实期毒性最大。表现在牲畜身上主要是慢性中毒，比如马和牛在吃完大巢菜之后会在1个月内发病，一般在15天开始出现形体消瘦等症状，而急性中毒致死亡的并不多见。

五感之看一看

繁茂枝叶

大巢菜是粮、料、草兼用的作物，它的茎叶柔嫩，生长繁茂。6、7月时，绿油油的叶子中间夹杂着淡紫红色的花朵，赏心悦目。

科属：石竹科，石竹属　　别名：野麦、石柱花、巨麦
花期：6~9月　　　　　　分布：中国东北、华北、西北、华东，日本、朝鲜、欧洲

瞿麦

⊙ 宽倒卵形花瓣，先端深裂成丝状

瞿麦为多年生草本植物。有直立、无毛的丛生茎，圆柱形，绿色，上部有分枝，长30~60厘米。叶对生，叶片为顶端锐尖的线状披针形，长5~10厘米，宽3~5毫米，叶中脉明显，基部合生成鞘状，绿色，有时带粉绿色。枝端有花1或2朵，有时顶下腋生，筒状花萼，长2.7~3.7厘米；宽卵形苞片长约为萼筒的1/4，4~6片，常染紫红色晕；披针形萼齿长4~5毫米；花瓣为卷曲的棕紫色或棕黄色，长4~5厘米，爪长1.5~3厘米，包于萼筒内，瓣片为宽倒卵形，先端深裂成丝状，边缘裂至中部或中部以上，喉部有丝毛状鳞片；雄蕊和花柱微外露。圆筒形蒴果与宿存萼等长或比之微长，顶端4裂。黑色种子为扁卵圆形，长约2毫米，有光泽。花期6~9月，果期8~10月。

⊙ 收割及储存

瞿麦栽种后每年可收割1~2次，可连续收割5~6年。第一次在盛花期采收，在离地面3厘米处割下，以便植株重新发芽生长；第二次越冬前收割时可将其齐地面割下。收割时，最好选在晴天，可将其晒干，除去杂质，打捆包装贮存。

五感之尝一尝

全草有苦味

瞿麦全株有苦味，入药有清热、利尿和破血通经的功效。可用于治疗小便不通、淋病、水肿和闭经等症。

科属：鸢尾科，鸢尾属	别名：蓝蝴蝶、紫蝴蝶、扁竹花、屋顶鸢尾
花期：4~5 月	分布：山西、安徽、江苏、浙江等地

鸢尾

⊙ 梨形的黑褐色种子

　　鸢尾为多年生草本植物，有斜伸的粗状根茎和细而短的须根；叶子的颜色为黄绿色，基生，宽剑形，稍弯曲；花茎光滑，高20~40 厘米，苞片呈长卵圆形或者披针形，绿色，草质，边缘为膜质；花被管细长，上端膨大成喇叭形，花有紫色、白色、蓝色、黄色等多种颜色；花药鲜黄色，花丝细长；淡蓝色花柱扁平；蒴果呈长椭圆形或倒卵形；黑褐色种子为梨形。

　　鸢尾喜欢凉爽且阳光充足的环境，耐半阴的环境。以略带碱性、排水良好、适中的湿润和富含腐殖质的黏壤土为佳。

⊙ 形态特征

根状茎粗壮，斜伸

花多为蓝紫色

叶基生，宽剑形

五感之看一看

紫色花上的黄色花药

　　鸢尾引人注目的是它那鲜艳的黄色花药，紫色花瓣上一点黄色，十分亮眼。

贝母

⊙ 钟状花呈下垂状

　　贝母为多年生草本植物。鳞茎为圆锥形，直立茎高15~40厘米。有叶2~3对，常对生，少数在中部间或有散生或轮生，叶片为披针形至线形，先端稍卷曲或不卷曲，没有叶柄。钟状花在茎顶单生，呈下垂状，每花有狭长形叶状苞片3枚，先端多少弯曲成钩状；花被片6枚，通常为紫色，较少为绿黄色，上有紫色斑点或小方格，蜜腺窝在背面明显凸出。果为白色颗粒，呈广卵形、卵形或贝壳形，脐点点状、人字状或短缝状，层纹明显。花期5~7月，果期8~10月。

　　贝母性喜冷凉湿润的环境，对土壤的要求不太严格，以排水良好、土层深厚、疏松和富含腐殖质的沙质土壤为好。

⊙ 形态特征

花常为紫色，上有紫色斑点或小方格。

叶常对生，披针形至线形，无柄。

果为白色颗粒，表面有明显层纹。

五感之看一看

"谦虚"花朵

　　钟状花朵单生在茎顶，呈下垂状，像一位谦虚的绅士在向人们鞠躬示意，十分可爱。

科属：木通科，木通属	别名：木通、羊开口、野木瓜
花期：4 月	分布：中国南方的大部分地区、朝鲜、日本

五叶木通

◉ 成熟果实沿腹缝线开裂

　　五叶木通为落叶木质缠绕藤本植物，长3~15米，全体无毛。灰绿色的幼枝上有纵纹。掌状复叶簇生在短枝顶端；有细长的叶柄。在夏季开紫色花，短总状花序腋生。肉质果呈长椭圆形，略呈肾形，两端圆，长约8厘米，直径2~3厘米，没有成熟的果实呈绿色，成熟后的果实为金黄色，外表像芒果，内部果肉有点像成熟的软柿子，柔软，沿腹缝线开裂。黑色或黑褐色的种子为多数，长卵形而稍扁，像西瓜籽。

　　性喜半阴的环境，稍畏寒，在南方四季温暖的地方冬季不落叶，要求富含腐殖质的酸性土壤，中性土壤也能适应。多生长在山麓谷地的林缘或灌丛中，常攀缘在树上。

◉ 形态特征

叶有细长的叶柄，
为掌状复叶。

花有紫色花瓣，内有
5个花柱。

肉质果成熟后沿腹缝线
开裂。

五感之看一看

叶展似掌

　　五叶木通的叶展似掌，在枝上匀满分布，状若覆瓦，青翠潇洒。肉质花为紫色，三五成簇，是优良的垂直绿化植物。

缬草

⊙ 总状花序聚成圆锥状花序

　　缬草为多年生草本植物。有肥厚的肉质根茎，径可达 2 厘米，伸长而有分枝。钝四棱形的茎伏地上升，上有细条纹，近无毛或有上曲至开展的微柔毛，绿色或带紫色，自基部多分枝。坚纸质叶为披针形至线状披针形，顶端钝，基部圆形，全缘；短叶柄上有微柔毛。总状花序在茎及枝上顶生，常在茎顶聚成圆锥花序；花梗和序轴均有微柔毛；下部苞片和叶子形状很像，上部苞片为卵圆状披针形至披针形；花萼外面有密柔毛，萼缘上有稀疏柔毛，内面无毛。花冠为紫、紫红至蓝色；花丝扁平；细长花柱先端锐尖，有微裂；环状花盘高 0.75 毫米；褐色子房无毛。卵球形小坚果为黑褐色，上有瘤，腹面近基部有果脐。花期 7~8 月，果期 8~9 月。

⊙ 多用途的缬草

　　缬草的茎叶是一些鳞翅目物种，如蝴蝶和蛾的幼虫的食物。它的根茎供药用，可用来祛风、治跌打损伤等。同时缬草经浸软、研磨、脱水后放入方便的包装中，闻之具有镇静和抗焦虑的作用。

五感之闻一闻

浓烈香味

　　缬草的花朵能散发出浓烈的香味，从 16 世纪时，缬草就被人们用来当作制作香料的原料。

科属：茄科，假酸浆属	别名：蓝花天仙子、大千生
花期：9~10月	分布：原产于秘鲁，中国广西、云南、贵州等地有栽培

假酸浆

⊙ 茎上部呈三叉状分枝

假酸浆为一年生草本植物，高 50~80 厘米。长锥形的主根上有纤细的须根。绿色棱状圆柱形的茎，有时带紫色，上有 4~5 条纵沟，上部呈三叉状分枝。草质叶为单叶互生，连叶柄长 4~15 厘米，宽 1.5~7.5 厘米，先端渐尖，基部呈阔楔形下延，边缘有不规则的锯齿且呈皱波状，有 4~5 对侧脉，在上叶面凹陷，下叶面凸起。淡紫色花单生于叶腋，花萼呈 5 深裂，裂片基部为心形；漏斗状花冠径约 3 厘米；花筒内面基部有 5 个紫斑。球形蒴果，径约 2 厘米，外包 5 片宿存萼片。淡褐色的种子比较小。

假酸浆多生长在田边、荒地、屋园周围和篱笆边。需要良好的日照，土壤以排水性良好的沙质土壤最佳。

⊙ 药用价值

假酸浆作为一种中草药，性平，味甘、微苦。全草入药，有镇静、祛痰、清热、解毒和止咳的功效。叶含有假酸浆酮和魏察假酸浆酮；根含托品酮和古豆碱。种子和花入药，有消炎和祛风的功效，可用于治疗发热和风湿性关节炎等症。

五感之尝一尝

清凉爽口

将假酸浆的果实在水中浸泡，一段时间后，滤去种子，加入适量的凝固剂，便制成了晶莹剔透、口感凉滑的凉粉。

麦仙翁

⊙ **全草药用**

⊙ **黑色种子有棘突**

麦仙翁为一年生草本植物，高60~90厘米，全株密被白色长硬毛。直立茎单生，不分枝或上部有分枝。线形或线状披针形叶片的基部微合生，抱茎，长4~13厘米，宽2~10毫米，顶端渐尖，叶中脉明显。花单生，直径约30毫米，有很长的花梗；长椭圆状卵形花萼，长12~15毫米，后期微膨大，线形萼裂片，叶状，长20~30毫米；花瓣紫红色，比花萼短，有白色的狭楔形爪，无毛，倒卵形瓣片有微凹缺；花丝无毛；花柱外露，上有长毛。卵形蒴果，长12~18毫米，微长于宿存萼，有外卷的5裂齿。黑色种子呈不规则卵形或圆肾形，长2.5~3毫米，有棘突。花期6~8月，果期7~9月。

麦仙翁的适应性很强，能自播繁殖，多作为田间杂草生长在麦田中或路旁草地。

麦仙翁全株均可药用，治百日咳等症。但需注意它的茎、叶和种子均有毒。当混入粮食中后，会对人、畜和家禽的健康造成损害，人中毒主要表现为腹痛和呕吐等症状。野生的麦仙翁可直接对马、猪、牛和鸟类构成威胁。

五感之看一看

花上有白色狭楔形爪

麦仙翁在夏季开花，淡紫色的花瓣上有白色的狭楔形爪，两相映衬，十分美丽。

科属：菊科，泥胡菜属	别名：猪兜菜、苦马菜、剪刀草
花期：3~8月	分布：中国、越南、老挝、印度、日本、朝鲜

泥胡菜

◉ 叶柄从下往上越来越短至无柄

　　泥胡菜为一年生草本植物，高30~100厘米。单生茎较纤细，上有稀疏蛛丝毛。基生叶为长椭圆形或倒披针形，通常在花期枯萎；中下部茎叶与基生叶形状相同，全部叶为大头羽状深裂或几全裂，侧裂片通常4~6对，为倒卵形、长椭圆形、匙形、倒披针形或披针形，边缘通常有锯齿；所有茎叶质地薄，基生叶和下部茎叶有长叶柄，柄基扩大抱茎，越往上叶柄越短至无柄。头状花序在茎枝顶端排成疏松伞房花序。总苞为宽钟状或半球形，总苞片多层，呈覆瓦状排列；小花紫色或红色。深褐色瘦果比较小，为楔状或偏斜楔形，有13~16条粗细不等的突起的尖细肋和白色冠毛，顶端斜截形，有膜质果缘，基底着生面平或稍见偏斜。

◉ 食用价值

　　泥胡菜的叶片柔软，气味纯正。在开花期茎秆脆嫩水分多，是人们春季最常食用的野菜。多数家畜也喜食泥胡菜的花蕾和幼苗，是猪、禽、兔的优质饲草。它在早春生长迅速，缓解了春季青饲料不足的窘境。

五感之尝一尝

淡淡的苦味

　　泥胡菜的全株可入药，食之有淡淡的苦味，有清热解毒和消肿散结的功效，可用于治疗乳腺炎、颈淋巴炎、痈肿、牙痛和牙龈炎等症。

科属：鸢尾科，番红花属　别名：西红花、藏红花
花期：10月下旬　分布：中国浙江等地

番红花

⊙ 短花茎不伸出地面

番红花是多年生草本植物。扁圆球形的球茎，外有黄褐色的膜质包被。灰绿色的条形基生叶有 9~15 片，边缘反卷；叶丛基部包有 4~5 片膜质的鞘状叶。花茎比较短，不伸出地面；淡蓝色花有 1~2 朵，还有红紫色或白色的花，有香味；花被裂片 6 片，内、外两轮排列，倒卵形，顶端钝；顶端尖、略弯曲的花药为黄色；橙红色花柱长约 4 厘米，完整的柱头呈线形，先端较宽大，向下渐细呈尾状，先端边缘有不整齐的齿状，下端为残留的黄色花枝；狭纺锤形的子房。椭圆形蒴果长约 3 厘米。

番红花喜冷凉湿润和半阴的环境，较耐寒，在排水良好、腐殖质丰富的沙质土壤中种植最为适宜。

⊙ 金色柱头

番红花为典型的秋植球根花卉，最为出名的是它的金色柱头，可用于食品的调味和上色，也用作染料。番红花主要是通过人工授粉获得种子，这主要是因为其本身不易结籽。待种子成熟后，可随收随播种于露地苗床或盆内。

五感之看一看

娇柔优雅的花朵

番红花的花朵娇柔优雅，花色有淡紫色、白、黄、红、蓝色等多色，人们常用来点缀花坛，或水养、盆栽供室内观赏。

| 科属：罂粟科，紫堇属 | 别名：玄胡索、元胡、延胡 |
| 花期：3~4 月 | 分布：中国安徽、浙江、江苏、湖北等地 |

延胡索

➲ 顶端微凹的外花瓣

延胡索是多年生草本植物，高 10~30 厘米。圆球形块茎为黄色；茎直立有分枝，通常有 3~4 枚茎生叶，下部茎生叶经常有腋生块茎。叶为二回三出或近三回三出，三裂或三深裂小叶有全缘的披针形裂片，裂片长 2~2.5 厘米，宽 5~8 毫米；下部的茎生叶有长叶柄，叶柄基部有鞘。总状花序有花 5~15 朵，披针形或狭卵圆形的苞片为全缘，有时下部的苞片稍分裂，长约 8 毫米；花梗在花期长约 1 厘米，在果期长约 2 厘米；花瓣为紫红色，萼片小，早落；外花瓣宽展，有齿，顶端微凹，有短尖；内花瓣长 8~9 毫米，爪比瓣片长；近圆形柱头有较长的 8 个乳突。圆柱形蒴果长 2~2.8 厘米，两端渐狭。有 1 列种子。

➲ 大地之雾

延胡索在民间还有一个文雅的名字叫"大地之雾"，主要是因为它茂密的绿色枝叶看起来就像平地升起的雾气一样，特别是在有太阳的天气里也有"雾"，就像是出现了幻觉一般，所以它的花语是"幻想"。

五感之尝一尝

苦味较浓

延胡索作为药用植物，吃起来苦味较浓，无毒，主要用于活血散淤、消肿止痛。气虚者及孕妇忌服。

科属：旋花科，番薯属	别名：红薯叶、地瓜叶
花期：6~9月	分布：中国各地均有种植

红薯苗

◉ 球形花粉

红薯苗为一年生草本植物，地下有圆形、椭圆形或纺锤形的块根。圆柱形或矩棱的茎平卧或上升，绿或紫色，偶有缠绕，多分枝，上有稀疏柔毛或无毛，茎节易生不定根。茎上每节着生一叶，在茎上呈螺旋状交互排列，叶有叶柄和叶片，无托叶；叶片形状很多，大致分为心脏形、肾形、三角形和掌状等。花单生，或数朵至数十朵丛集成聚伞花序，生在叶腋和叶顶，呈淡红色，也有紫红色的，形状呈漏斗状，花萼5裂，长约1厘米；花冠直径和花筒长2.5~3.5厘米，蕾期卷旋；花为两性，雄蕊1个，着生在花冠基部；纵裂状的花粉囊2室，有球形花粉，表面有许多对称排列的小突起；雌蕊1个，柱头多呈2裂，子房上位，2室，由假隔膜分为4室。

◉ 形态特征

叶大多为心脏形、肾形、三角形和掌状。

花呈漏斗状，形似牵牛花，淡紫红色。

果也就是它的块根，为圆形、椭圆形或纺锤形。

五感之尝一尝

甘甜块根

红薯经常供人们食用的部位是它的块根，生食甘甜爽脆，煮粥黏糯软绵，深受人们的喜爱。

Part 3
红色系

热情甜蜜的红玫瑰，
代表爱、温馨和尊敬的康乃馨，
就连花中之王的牡丹，
也在用热烈的红演绎自己绚丽的生命。

杜鹃

⊙ 全株密被亮棕褐色糙伏毛

杜鹃为落叶灌木植物，高 2~5 米；有较多的纤细分枝，上密被亮棕褐色扁平糙伏毛。革质叶常集生在枝端，呈卵形、椭圆状卵形或倒卵形或倒卵形至倒披针形，先端短渐尖，基部楔形或宽楔形，边缘微反卷，有细齿；叶柄上密被亮棕褐色扁平糙伏毛。卵球形花芽，鳞片外面中部以上有糙伏毛，边缘有睫毛。花 2~6 朵簇生枝顶；花梗上密被亮棕褐色糙伏毛；花萼 5 深裂，裂片为三角状长卵形，上有糙伏毛，边缘有睫毛；阔漏斗形的花冠为玫瑰色、鲜红色或暗红色，有倒卵形裂片 5 片，上部裂片有深红色斑点；花丝线状，中部以下有微柔毛；卵球形子房有 10 室，密被亮棕褐色糙伏毛，花柱伸出花冠外，无毛。蒴果卵球形，密被糙伏毛。花期 4~5 月，果期 6~8 月。

⊙ 生长习性

杜鹃性喜凉爽、湿润、通风的环境；在酸性土壤中生长良好，在钙质土壤中长势不佳，甚至不生长，因此常被用来作为酸性土壤的指示作物。杜鹃耐修剪，是园林植物中最适合种植在溪边、池畔及岩石旁成丛成片栽植的植物。

五感之看一看

绮丽多姿

杜鹃的枝繁叶茂，绮丽多姿，根桩奇特，是优良的盆景材料。在花季，各种颜色的杜鹃总是给人热闹而喧腾的感觉。

多样杜鹃

白杜鹃：为半常绿灌木植物，高 1~3 米；花冠为白色，有时呈淡红色，阔漏斗形，花冠有 5 裂片，裂片椭圆状卵形，裂片上无毛、无紫斑；花期 4~5 月，果期 6~7 月。

迷人杜鹃：花冠为钟状漏斗形，粉红色，上有紫色斑点，5 裂，裂片近于圆形；该品种因其花朵美丽鲜艳，多用于人工栽培，具有较高的园艺价值。

高山杜鹃：花冠为宽漏斗状，淡紫蔷薇色至紫色，也有极少数为白色；花期 5~7 月，果期 9~10 月；该品种花朵可植于庭园花坛中，也可作切花瓶插，有较高的园艺价值。

羊踯躅：花冠大，呈漏斗状，黄色或金黄色，很容易与其他品种进行区别；原产于中国东部地区；该品种多用来栽培，是众多杜鹃园艺品种的母本，有很高的经济价值。

科属：天南星科，花烛属　　别名：花烛、火鹤花、红鹤芋、红鹅掌

花期：全年　　　　　　　　分布：原产南美洲，现欧洲、亚洲、非洲有广泛栽培

红掌

◉ 奇特的心形叶子

红掌为多年生常绿草本花卉。植株比较高，为50~80厘米，各品种有差异。有肉质根，没有茎，叶从根茎抽出，有长柄，单生、心形叶子为鲜绿色，叶脉明显凹陷。圆柱状的直立肉穗花序。花腋生，蜡质的佛焰苞，为正圆形至卵圆形，鲜红色、橙红肉色、白色，四季开花。

红掌性喜温热多湿而又排水良好的环境，怕干旱和强光暴晒。其中以观花苞为主的品种需要充足光线，但不能直晒；观叶的品种需要半阴和阴蔽的环境，而且最低温度不能低于16℃。红掌的生长适温为白天26~32℃，晚上为21~32℃。冬季保持20~22℃的室温，保持空气湿度，可对叶片进行喷水，注意最好不要喷在花上。

◉ 形态特征

叶为鲜绿色的心形，叶脉凹陷。

花序为圆柱状的肉穗，直立。

花为正圆形至卵圆形，红色或白色。

五感之看一看

火红花瓣

红掌的姿态优美，叶片生于叶柄的斜上方，从侧面观察整个株型呈茶杯状，花瓣火红，异常鲜艳。

科属：凤仙花科，凤仙花属	别名：指甲花、急性子、女儿花
花期：7~10月	分布：原产中国、印度，中国各地均有栽培

凤仙花

◉ 深舟状唇瓣

凤仙花为一年生草本植物。全株分为根、茎、叶、花、果实和种子六个部分。有直立、粗壮的肉质茎，几乎没有分枝，无毛或幼时上有稀疏柔毛，有多数纤维状根。叶互生，最下部的叶有时对生；叶片为先端尖、边缘有锐锯齿的披针形、狭椭圆形或倒披针形，有明显的叶中脉，有数对侧脉。花单生或2~3朵簇生于叶腋，花分为单瓣或重瓣，花色多样，有紫色、白色、粉红色；唇瓣深舟状；旗瓣为圆形的兜状，先端微凹；花丝线形；花药为顶端钝的卵球形。宽纺锤形的蒴果，两端尖，上密被柔毛。圆球形种子多数，黑褐色。

凤仙花性喜阳光，耐热不耐寒，喜向阳的地势，对土壤的要求不严格，喜疏松肥沃的土壤，在较贫瘠的土壤中也可生长。

◉ 花色多样

凤仙花的花形美丽，花色有粉红、大红、紫、白黄、洒金等色，有很多变种，有时有的品种同一株上能开出数种不同颜色的花瓣，十分美丽。

五感之看一看

多样花色

凤仙花品种繁多，花色多样。夏季的早晨，各色凤仙花争相开放，紫色、粉色、红色，色彩艳丽，姿态优美，看到这么美丽的花朵，令人心情愉悦。

科属：锦葵科，蜀葵属　　别名：一丈红、大蜀季
花期：6~8月　　分布：世界各国均有栽培

蜀葵

⊙ 倒卵形三角形花瓣先端凹缺

蜀葵为二年生直立草本植物，高达 2 米，茎枝上密被刺毛。近圆心形叶有掌状 5~7 浅裂或波状棱角，裂片为三角形或圆形，上叶面有稀疏的粗糙星状柔毛，下叶面有星状长硬毛或绒毛；叶柄长 5~15 厘米，上有星状长硬毛；卵形托叶，先端有 3 尖。花腋生排列成总状花序，单生或近簇生，苞片叶状，花梗上长有星状长硬毛；杯状小苞片常 6~7 裂，裂片为密被星状粗硬毛的卵状披针形；钟状花萼 5 齿裂，裂片为密被星状粗硬毛的卵状三角形；花直径 6~10 厘米，有红、紫、白、粉红、黄和黑紫等色，单瓣或重瓣，倒卵状三角形花瓣的先端有凹缺；花丝纤细；花药黄色；花柱多数，上有微细毛。盘状果上有短柔毛，有多数近圆形的分果片，背部厚达 1 毫米，有纵槽。

⊙ 形态特征

茎直立少有分枝，上有密集的刺毛。

叶近圆心形掌状，边缘浅裂或有波状棱角。

花为倒卵状三角形，先端有凹缺。

五感之看一看

红色蜀葵

蜀葵的颜色鲜艳，是"温和"花语的代表，适合种植在院落、路侧，形成花团锦簇的绿篱、花墙，赏心悦目。

科属：蓼科，蓼属	别名：紫蓼
花期：9~10月	分布：中国江苏、安徽、浙江、福建、四川、湖北、广东、台湾

⊙ 鞘筒状托叶边缘有睫毛

蚕茧草为多年生直立草本植物，高可达1米。棕褐色的茎单一或有分枝，通常有膨大的节部、先端渐尖的披针形叶，长6~12厘米，宽1~1.5厘米，叶两面有伏毛和细小的腺点，有时无毛，叶脉和叶缘往往有紧贴的刺毛。鞘筒状的托叶外面也有紧贴刺毛，边缘有较长的睫毛。穗状花序，长可达10厘米以上；苞片有缘毛，内有花4~6朵，花梗伸出苞片外；花被片5裂，白色或淡红色，长2.5~6毫米；花柱有3个。卵圆形的瘦果，两面凸出，黑色而光滑，全体包于宿存的花被内，长约2毫米；花期9~10月。

蚕茧草多野生在水沟或路旁草丛中。

蚕茧草

Part 3 红色系

⊙ 形态特征

叶为先端渐尖的披针形。

花为淡红色或白色。

果为卵圆形，黑色、光滑。

五感之看一看

淡红色或白色的穗状花序

蚕茧草直立的穗状花序上是淡红色或白色的花被片，微风吹来，那可爱的花朵就像是在向人们招手致意。

| 科属：蔷薇科，蔷薇属 | 别名：徘徊花、刺客 |
| 花期：5~6 月 | 分布：中国华北、西北和西南，印度、俄罗斯、美国、朝鲜 |

玫瑰

➔ 叶边缘有锯齿

玫瑰为直立灌木植物，高可达 2 米。粗壮的茎丛生；小枝上有直立或弯曲、淡黄色的皮刺，皮刺外有绒毛。小叶 5~9 枚，连叶柄长 5~13 厘米；小叶片为先端急尖或圆钝、基部圆形或宽楔形、边缘有尖锐锯齿的椭圆形或椭圆状倒卵形，长 1.5~4.5 厘米，宽 1~2.5 厘米；托叶大多贴生于叶柄，离生部分为卵形，边缘有带腺锯齿，下叶面被绒毛。花单生或数朵簇生于叶腋，卵形苞片边缘有腺毛，外被绒毛；花梗上密被绒毛和腺毛；花萼片为先端尾状渐尖的卵状披针形，常有羽状裂片而扩展成叶状，上面有稀疏的柔毛，下面密被柔毛和腺毛；倒卵形花瓣，重瓣至半重瓣，紫红色至白色。砖红色的扁球形果为肉质，平滑，直径 2~2.5 厘米。花期 5~6 月，果期 8~9 月。

➔ 形态特征

叶椭圆形或椭圆倒卵形，边缘有锯齿。

花多为紫红色，倒卵形花瓣。

砖红色扁球形肉质果，平滑。

五感之闻一闻

清香玫瑰花茶

玫瑰花可制作成各种茶点，如玫瑰花茶、玫瑰花酒等。用干花泡的花茶清香淡雅，是美容养颜的佳品。

多样玫瑰

丰花玫瑰：是用杂交手段培育的玫瑰新品种，抗旱且开花率高；花瓣为浅紫色，花丝浅呈粉红色；花开时不露心，形态最似牡丹花，故又名"牡丹玫瑰"。

白玫瑰：纯白色大花，花形优美；花梗、枝条硬挺，且枝条上刺较少；砖红色的肉质果呈扁球形，直径2~2.5厘米，平滑，萼片宿存，花期5~6月，果期8~9月。

黄玫瑰：花黄色，容易散开，枝条细长、多刺；因其优雅的姿态、明亮的颜色、幸运的花语，成为人们喜爱的花卉植物，在生活中较为常见。

紫玫瑰：花朵娇小，为紫色，有浓郁的香气；紫玫瑰可帮助促进新陈代谢、通便排毒，有纤体瘦身的功效，还可以提振心情、舒缓情绪；原产地为伊朗。

金鱼草

⊙ 花冠基部在前面下延成兜状

金鱼草为多年生直立草本植物。茎基部无毛，有时为木质化，中上部被有腺毛，有时有分枝。叶在上部常互生，下部对生，有短柄；叶片为无毛的披针形至矩圆状披针形，长 2~6 厘米，全缘。总状花序顶生，密被腺毛；花梗长 5~7 毫米；花萼与花梗近等长，5 深裂，裂片为卵形，钝或急尖；花冠颜色多种，从红色、紫色至白色，基部在前面下延成兜状，上唇直立而宽大，2 半裂，下唇 3 浅裂，在中部向上唇隆起，封闭喉部，使花冠呈假面状。卵形蒴果上被腺毛，长约 15 毫米，基部强烈向前延伸，顶端孔裂。

金鱼草性喜阳光，也耐半阴。较耐寒，不耐热，适合生长在疏松肥沃、排水良好的微酸性土壤，在石灰质土壤中也能正常生长。

⊙ 喜光草本植物

金鱼草为喜光性草本植物。因其花状似金鱼而得名。金鱼草是夏秋之际开放的花朵，在中国园林广为栽种，适合群植在花坛中，与百日草、矮牵牛、万寿菊、一串红等配置效果尤佳。同时它也是一味中药，有清热解毒、凉血消肿的功效。亦可榨油食用，营养健康。

五感之看一看

生长整齐

金鱼草的枝株生长紧凑，花开整齐，花色多样且鲜艳。金鱼草易自然杂交，许多重瓣和杂种 1 代金鱼草很难收集到种子。

多样金鱼草

白色金鱼草：花朵比较大，排列较为紧凑；花穗呈圆锥形，轮廓清晰；花冠为纯白色；它的花语是心地善良；生长喜阳光，也耐寒、耐半阴，不耐酷暑。

红色金鱼草：叶片为长圆状披针形；总状花序，花冠为深红色的筒状唇形，基部膨大成囊状；其花语是鸿运当头。

黄色金鱼草：花冠为淡淡的黄色；花语是金银满堂；如果想使植株健康生长，平时可经常疏松土壤，适量浇水，在冬季则需要控制浇水，从而使花多而色艳。

粉色金鱼草：花冠为粉色；花语是龙飞凤舞、吉祥如意和花好月圆的好寓意；适合生长在疏松肥沃、排水良好的土壤，在石灰质土壤中也能正常生长。

红蓼

⊙ 果实可入药

⊙ 绿色、草质的苞片

红蓼是一年生草本植物。有直立、粗壮的茎，高1~2米，上部多分枝，上密被开展的长柔毛。叶为顶端渐尖、基部圆形或近心形的宽卵形、宽椭圆形或卵状披针形，长10~20厘米，宽5~12厘米，全缘，密生缘毛，叶两面密生短柔毛，叶脉上密生长柔毛；有叶柄，长2~10厘米，上有开展的长柔毛。总状花序呈穗状，顶生或腋生，长3~7厘米，花紧密，微下垂，通常数个再组成圆锥状；苞片为草质的宽漏斗状，绿色，上有短柔毛，边缘有长缘毛，每苞内有花3~5朵；有比苞片长的花梗；花被5深裂，被片为淡红色或白色的椭圆形；有明显花盘；花柱2个，柱头头状，在中下部合生，比花被长。瘦果为黑褐色有光泽的近圆形，双凹，包在宿存花被内。花期6~9月，果期8~10月。

红蓼性喜水且耐干旱，对土壤的要求不严，适应性很强；没有病虫害，粗放管理即可。果实可入药，有清肺化痰、活血、止痛和利尿等功效。在夏天，有时人们将红蓼割断、晾干，用来驱蚊蝇，有不错的效果，只是气味辛辣，会熏眼睛。

五感之看一看

茎、叶、花均适合观赏

红蓼的茎、叶、花都适于观赏，且容易栽培，它生长迅速、高大茂盛，叶绿、花密且红艳，故常作为观赏植物进行栽培。

| 科属：苋科，青葙属 | 别名：芦花鸡冠、笔鸡冠 |
| 花期：7~9 月 | 分布：原产亚洲热带，中国南北各地均有分布 |

鸡冠花

⊙ 鸡冠状花朵

　　鸡冠花为一年生直立草本植物，高30~80 厘米。植株粗壮无毛。茎少分枝，近上部扁平，为绿色或带红色，有棱纹凸起。单叶互生，有柄；叶片长 5~13 厘米，宽2~6 厘米，先端渐尖或长尖，基部渐窄成柄，全缘。花多数，极密生，呈扁平肉质鸡冠状、卷冠状或羽毛状的穗状花序，一个大花序下面有数个较小的分枝；花被片为红色、紫色、黄色、橙色或红色黄色相间；苞片、小苞片和花被片都为干膜质，宿存。卵形胞果，长约 3 毫米，熟时盖裂，包在宿存花被内。肾形种子，黑色而有光泽。花果期 7~9 月。

　　鸡冠花性喜温暖干燥气候，怕干旱，不耐涝，对土壤要求不严，以排水良好的夹沙土栽培最好。

⊙ 多方面的使用价值

　　鸡冠花味甘性凉，有凉血和止血的功效，可辅助治疗吐血、咳血、血淋和女性崩中等症。此外，对有害气体二氧化硫、氯化氢有较强的抵抗性，从而可起到绿化、美化和净化环境的作用，是一种可抗环境污染的观赏花卉。

五感之看一看

"火焰"花朵

　　鸡冠花有火红的花序，且因花序形似鸡冠而得名，享有"花中之禽"的美誉，它开放在萧瑟的秋天，被人们赋予"真爱永恒"的花语。

天竺葵

⊙ **种植注意事项**

⊙ 叶片圆形或肾形，茎部心形

天竺葵为多年生草本植物，高 30~60 厘米。茎直立，多分枝或不分枝，有明显的节，密被短柔毛，基部木质化，上部肉质。叶互生，有浓烈的鱼腥味；圆形或肾形叶片，茎部心形，直径 3~7 厘米，边缘波状浅裂，有圆形齿，两面均有透明短柔毛；托叶为有柔毛和腺毛的宽三角形或卵形，长 7~15 毫米；叶柄上有细柔毛和腺毛，长 3~10 厘米。伞形花序腋生，宽卵形总苞片数枚；花梗上有柔毛和腺毛；狭披针形的萼片长 8~10 毫米，外面密生腺毛和长柔毛，宽倒卵形的花瓣为红色、橙红、粉红或白色，长 12~15 毫米，宽 6~8 毫米，先端圆形，基部有短爪，下面 3 枚花瓣通常较大；子房密被短柔毛。蒴果上有柔毛，长约 3 厘米。花期 5~7 月，果期 6~9 月。

天竺葵的生长需要充足的阳光，如果光照不足，花序就会发育不良，花梗细软；且弱光下的花蕾开花不畅，甚至提前枯萎，因此冬季必须把它放在向阳处。浇水不宜太多，要见干见湿；土壤不宜太肥，肥料过多会使天竺葵徒然生长，不利开花。

五感之闻一闻

独特气味

天竺葵的气味独特，甜而略重，有点像玫瑰的甜香，又稍稍像薄荷的清凉，是一种独特的芳香驱虫剂。

虞美人

⊛ 花瓣单薄而柔软

虞美人是一年生草本植物。茎直立，有分枝，上有淡黄色刚毛。叶互生，叶片为披针形或狭卵形，长 3~15 厘米，宽 1~6 厘米，羽状分裂，下部全裂，叶两面有淡黄色刚毛，叶脉在背面突起，在表面略凹；下部叶有叶柄，上部叶无柄。花单生于茎和分枝顶端，有长花梗，长 10~15 厘米，被淡黄色平展的刚毛；长圆状倒卵形的花蕾下垂；宽椭圆形的萼片有 2，绿色，外面被刚毛；单薄而柔软的花瓣 4 瓣，圆形、横向宽椭圆形或宽倒卵形，全缘，稀齿状或顶端缺刻状，紫红色，基部通常有深紫色斑点；花丝丝状，深紫红色；花药长圆形，黄色；倒卵形子房无毛，辐射状柱头有 5~18 个，连合成扁平、边缘圆齿状的盘状体。宽倒卵形蒴果无毛，有不明显的肋。种子多数，肾状长圆形。

⊛ 生长习性

虞美人性喜光照充足和通风良好的地方，耐寒，不耐湿、热，因此不宜在低洼、潮湿、水肥大和光线差的地方育苗和栽植。对土壤的要求不严，以疏松肥沃的沙质土壤最好，不宜用过肥的土壤。不耐移植，忌连作。

五感之看一看

如绫花瓣

虞美人的花瓣质薄如绫，摸起来光滑如绸，轻盈的花冠就像是朵朵红云，虽无风亦像自摇，风动时更是飘然欲飞，十分美观。

科属：美人蕉科，美人蕉属　　别名：红艳蕉、小芭蕉
花期：3~12 月　　分布：原产美洲、印度等热带地区，世界各地均可栽培

美人蕉

⊙ 花唇瓣为弯曲的披针形

美人蕉为多年生草本植物。植株绿色无毛，高可达 1.5 米。卵状长圆形的叶片，长 10~30 厘米，宽达 10 厘米。总状花序略超出于叶片之上；红色花单生或对生；卵形绿色苞片，长约 1.2 厘米；披针形萼片有 3 枚，长约 1 厘米，绿色或有时染红；花冠管长不到 1 厘米，披针形的花冠裂片，长 3~3.5 厘米，红色或黄色；鲜红色的外轮退化成 2~3 枚雄蕊，其中 2 枚为倒披针形，长 3.5~4 厘米，宽 5~7 毫米，另一枚如果存在则特别小，长 1.5 厘米，宽仅 1 毫米；弯曲的唇瓣披针形，长 3 厘米；发育雄蕊长 2.5 厘米，花药室长 6 毫米；扁平花柱长 3 厘米，一半和发育雄蕊的花丝连合。长卵形绿色蒴果有软刺，长 1.2~1.8 厘米。花果期为 3~12 月。

⊙ 药用价值

美人蕉的根茎有清热利湿、舒筋活络的功效，可用于辅助治疗黄疸型肝炎、风湿麻木、外伤出血、跌打损伤、心痛等症。它的茎叶纤维还可用于制人造棉、织麻袋等，叶子不仅可以用于提取芳香油，剩余的残渣还可以作为造纸原料使用。

五感之听一听

雨打芭蕉

中国古代的文人们最喜欢听雨打芭蕉的声音。寂静的雨夜，小雨打在芭蕉叶上格外清脆，也让人格外的感伤。

多样美人蕉

斑纹美人蕉：花大，花冠为鲜黄色或深红色，上有斑纹；性喜温暖湿润的气候，喜阳光充足、深厚的土层和肥沃土质，耐瘠薄土壤，怕严寒。

白粉美人蕉：花较小，花冠为黄绿色或有红斑；根芽分生能力较强，繁殖比较快，花期较长，是良好的地被植物，也可作为花坛、花径、花景的材料。

黄花美人蕉：花大而柔软，向下反曲，下部呈筒状，淡黄色，唇瓣圆形；黄花美人蕉的适应性强，几乎不择土壤，有一定耐寒力；在原产地印度无休眠性，周年生长开花。

红花美人蕉：花红色，花型小，单生，苞片卵状，花冠裂片披针形；花极美丽，色彩鲜艳；喜温暖和充足的阳光，不耐寒；原产热带美洲、印度、马来半岛等热带地区。

科属：毛茛科，芍药属　　别名：百雨金、洛阳花、富贵花
花期：5 月　　分布：中国各省区均有分布

牡丹

⊙ 花色多样的牡丹

牡丹为落叶灌木。茎高达 2 米。叶通常为二回三出复叶，顶生小叶宽卵形，表面绿色，无毛，背面淡绿色，有的有白粉，沿叶脉疏生短柔毛或近无毛，侧生小叶狭卵形或长圆状卵形，没有叶柄。花单生枝顶，直径 10~17 厘米；花梗长 4~6 厘米；苞片 5 片，长椭圆形，大小不等；萼片 5 片，绿色，宽卵形，大小不等；花瓣 5 瓣，或为重瓣，玫瑰色、红紫色、粉红色至白色，通常变异很大，倒卵形，长 5~8 厘米，宽 4.2~6 厘米，顶端呈不规则的波状；雄蕊长 1~1.7 厘米，花丝紫红色、粉红色，上部白色，长约 1.3 厘米，花药长圆形，长 4 毫米；花盘革质，杯状，紫红色，顶端有数个锐齿或裂片，完全包住心皮，在心皮成熟时开裂；心皮 5 个，稀更多，密生柔毛。蓇葖长圆形，密生黄褐色硬毛。

⊙ 花王风姿

牡丹色、姿、香、韵俱佳，花大色艳，花姿绰约，韵压群芳，素有"花中之王"的美誉。按花色通常分为墨紫色、白色、黄色、粉色、红色、紫色、雪青色、绿色等八大色系。按照花期又分为早花、中花、晚花类。按照花的结构分为单花、台阁两类，同时又分为单瓣、重瓣、千叶。

五感之看一看

肉质根皮

牡丹以根皮入药，称为丹皮。丹皮以皮厚、肉质、断面色白、粉性足、香气浓、亮星多者为佳。有清热凉血和活血化淤的功效。血虚有寒者、孕妇及月经过多者慎用。

多样牡丹

紫斑牡丹：花瓣内面基部有深紫色斑块；花大，花瓣白色；分布于中国四川北部、甘肃南部、陕西南部；生长在海拔 1100~2800 米的山坡林下灌丛中，在甘肃、青海等地有栽培。

姚黄：属于落叶灌木植物；花单生枝顶，花蕾圆尖形，端部常开裂；花为淡黄色，花为盘革质，杯状，紫红色；花梗长而直，花朵直上。

首案红：株型高，直立，枝粗硬；花皇冠型，深紫红色；属于高度特异化的花型，花外瓣大而平展，花内雄蕊全部瓣化，形成多层次的大型花朵，是牡丹中的奇品。

三变赛玉：花蕾端部常开裂；花含苞待放时为浅绿色，初开粉白色，盛开白色；瓣间亦杂有部分雄蕊，雌蕊退化变小或瓣化为绿色；成花率高，花形不规则。

科属：山茶科，山茶属　　别名：山茶、山茶花
花期：1~4月　　　　　　分布：中国、日本

茶花

⊙ 叶脉在叶两面均明显

茶花是灌木或小乔木植物，高9米，嫩枝无毛。椭圆形的革质叶，先端略尖，或急短尖而有钝尖头，基部阔楔形，长5~10厘米，宽2.5~5厘米，上叶面为无毛的深绿色，干后发亮，下叶面为浅绿色，有侧脉7~8对，在叶两面均能看见，边缘有细锯齿；有叶柄，长8~15毫米，上无毛。无柄花顶生，红色、淡红色，也有白色，多为重瓣；苞片及萼片约有10片，组成长2.5~3厘米的半圆形至圆形的杯状苞被，外面有绢毛，后脱落；倒卵圆形花瓣6~7片，外侧2片为几离生的近圆形，长2厘米，外面有毛，内侧5片基部连生约8毫米；花丝管无毛；子房无毛；花柱先端3裂，长2.5厘米。圆球形蒴果直径2.5~3厘米，2~3室，每室有种子1~2个。

⊙ 形态特征

叶为椭圆形，革质，上光滑无毛。

花多为重瓣，红色、淡红色或白色。

圆球形蒴果有2~3室，每室内有种子1~2个。

五感之看一看

形姿优美的植株

茶花的枝青叶秀，花色艳丽缤纷，花姿优雅多态，气味芬芳袭人，整个植株形姿优美，因而受到世界园艺界的珍视。

多样茶花

紫花金心： 是茶花的栽培品种；花蕾为心脏形，花为紫红色；花期2月；枝青叶秀，花色艳丽多彩，花形秀美多样，花姿优雅多态，气味芬芳袭人。

花牡丹： 是茶花的栽培品种；叶深绿，椭圆形，叶面上有黄色斑点；花鲜红底色，上洒白斑块；花期为11月至第二年的1月。

白芙蓉： 花白色，有红色条纹斑，五彩缤纷；花期2~4月；惧风喜阳，喜空气流通、温暖湿润的环境和排水良好、疏松肥沃的沙质土壤、黄土或腐殖土壤。

白宝珠： 是茶花的栽培品种；枝细柔下垂；小叶为椭圆形，花为纯白色，大部雄蕊瓣化，花瓣增多，花瓣可多达50片以上；花期2~3月。

科属：木棉科，木棉属　　别名：攀枝花、红棉树、英雄树
花期：3~4 月　　分布：中国西南及台湾等省，越南、印度、缅甸

木棉

⊙ 卷曲的肾形花药

木棉为落叶大乔木，高可达 25 米。树皮为灰白色，幼树的树干通常有圆锥状的粗刺；分枝平展。掌状复叶，长圆形至长圆状披针形的小叶 5~7 片，顶端渐尖，基部阔或渐狭，全缘，两面均无毛；有羽状侧脉 15~17 对，其间有 1 条较细的 2 级侧脉，网脉极细密；有叶柄，长 10~20 厘米；小叶柄长 1.5~4 厘米。花单生枝顶叶腋，花萼杯状，顶端 3~5 裂，厚革质，甚脆，外表棕黑色，外面无毛，有纵皱纹，内面密被淡黄色短绢毛，半圆形萼齿 3~5 个；倒卵状长圆形的肉质花瓣，通常为红色，有时为橙红色，直径约 10 厘米，两面均有星状柔毛，内面较疏；花药肾形，卷曲。长圆形蒴果密被灰白色长柔毛和星状柔毛。倒卵形光滑种子多数。

⊙ 植物软黄金

作为优良的行道树、庭荫树和风景树的木棉，其树形高大雄伟。木棉纤维短而细软，是目前天然纤维中较细、较轻、中空度较高、较保暖的纤维材料，它由于耐压性强，天然抗菌，不蛀不霉，不易被水浸湿，而被人们誉为"植物软黄金"。

五感之看一看

四季的不同风情

木棉四季可展现不同风情：春天，花开一树，美丽鲜艳；夏天，绿叶成荫，凉爽舒心；秋天，枝叶萧瑟，引人沉思；冬天，秃枝寒树。

科属：报春花科，仙客来属	别名：萝卜海棠、兔耳花、兔子花
花期：12月至次年6月	分布：原产希腊、叙利亚、黎巴嫩等地，现广为栽培

仙客来

⊙ 叶和花葶同时从块茎顶部抽出

仙客来为多年生草本植物。扁球形的块茎，直径通常4~5厘米，有棕褐色木栓质的表皮，顶部稍扁平。叶和花葶同时从块茎顶部抽出；叶柄长5~18厘米；心状卵圆形的叶片，直径3~14厘米，先端稍锐尖，边缘有细圆齿，质地稍厚，上叶面深绿色，常有浅色的斑纹。花葶高15~20厘米，果时不卷缩；花萼通常分裂达基部，裂片为三角形或长圆状三角形，全缘；花冠白色或玫瑰红色，喉部深紫色，筒部近半球形，裂片长圆状披针形，稍锐尖，基部无耳，比筒部长3.5~5倍，剧烈反折。

仙客来性喜温暖，怕炎热，较耐寒，在凉爽的环境下和富含腐殖质的肥沃沙质土壤中生长最好，也可耐0℃的低温不致受冻。

⊙ 对有害气体有较强抵抗力

仙客来对二氧化硫等有毒气体有较强的抵抗能力。并经过叶片的氧化作用，将二氧化硫转化为无毒或低毒的硫酸盐等物质。仙客来的花期适逢圣诞节、元旦、春节等大型节日，因此市场需求量大，经济效益显著。

五感之看一看

别致株型

仙客来的株型美观、别致，花朵娇艳夺目，烂漫多姿，有些品种还带有香味，是冬春季节深受人们青睐的重要花卉。

科属：鸢尾科，唐菖蒲属　　别名：菖兰、剑兰、扁竹莲、十样锦
花期：7~9 月　　　　　　　　分布：中国、美国、荷兰、以色列、日本

唐菖蒲

◉ 生长习性

◉ 球茎外有膜质包被

唐菖蒲为多年生草本植物。扁圆球形的球茎外有棕色或黄棕色的膜质包被，剑形叶基生或在花茎基部互生，基部鞘状，顶端渐尖，灰绿色，有数条纵脉和 1 条明显而突出的中脉。直立花茎不分枝，高 50~80 厘米，花茎下部有数枚互生的叶；蝎尾状单枝聚伞花序，长 25~35 厘米，每朵花下有 2 个黄绿色的膜质苞片，卵形或宽披针形；没有花梗；花在苞内单生，有红、黄、白或粉红等色；花被管基部弯曲，6 瓣花被裂片成 2 轮排列，内、外轮的花被裂片皆为卵圆形或椭圆形；红紫色或深紫色的花药条形；白色花丝着生在花被管上；花柱顶端 3 裂，柱头略扁宽而膨大，有短绒毛；椭圆形子房绿色，3 室，胚珠多数。蒴果椭圆形或倒卵形，成熟时室背开裂；种子扁而有翅。

唐菖蒲性喜温暖的气候，但气温不宜过高；不耐寒，其生长适温为 20~25℃。它是典型的长日照植物，光照不足会减少开花的数量。特别喜肥，栽培土壤以肥沃的沙质土壤最为适宜。

五感之看一看

高高的花茎

唐菖蒲的花茎远高出叶面，有膨大成漏斗状的花冠筒，花色多样，可用来布置花境和专类花坛。与切花月季、康乃馨和扶郎花一起被誉为"世界四大切花"。

多样唐菖蒲

报春花唐菖蒲：它的球茎较大，球状，植株矮小，着花 3~5 朵，侧向一方，花莛紫色，略带红晕；栽培土壤以肥沃的沙质土壤最为适宜，pH 值不宜超过 7。

绯红唐菖蒲：又名红色唐菖蒲，球茎大，球状，株高 90~120 厘米，着花 6~7 朵，小花为钟形，绯红色，有大形白色斑点；生长适温为 20~25℃。

多花唐菖蒲：球茎中等，球形，株高 45~60 厘米，着花 20 余朵，花大，白色，是典型的长日照植物，但花芽分化以后，短日照有利于花蕾的形成和提早开花。

鹦鹉唐菖蒲：球茎大形，扁球状，紫色，株高 1 米左右，着花 10~12 朵，侧向一方开放，花大形，黄色，上有深紫色斑点或紫晕。

芍药

⊙ 花相芍药

⊙ 叶缘有白色骨质细齿

芍药为多年生草本花卉。有粗壮肉质的纺锤形或长柱形块根，外表浅黄褐色或灰紫色，内部白色。肉质茎丛生在根茎上，初为水红色至浅紫红色，也有黄色的，后成长为深紫红色，外有鳞片保护。有椭圆形、狭卵形、被针形等形状的小叶，叶端长而尖，全缘微波，叶缘密生白色骨质细齿，叶面有黄绿色、绿色和深绿色等，叶背多粉绿色，有毛或无毛。绿色的外轮萼片有 5 枚，为叶状披针形，从下到上依次减小；内萼片 3 枚，绿色或黄绿色，有时夹有黄白条纹或紫红条纹；倒卵形花瓣 5~13 瓣；花丝黄色；花盘浅杯状，包裹心皮基部，顶端钝圆。蓇葖果呈纺锤形、椭圆形、瓶形等，光滑或有细茸毛，有小突尖。内含黑色或黑褐色的圆形、长圆形或尖圆形的种子 5~7 粒。

在中国，芍药自古以来都被人们所喜爱，被称为"花相"。"红灯烁烁绿盘龙"中"绿盘龙"就是对芍药叶的赞美。芍药的园艺品种花色丰富，有白、粉、红、紫、黄、绿、黑和复色等，被列为"六大名花"之一，又被称为"五月花神"，现被尊为七夕节的代表花卉。

五感之尝一尝

根多药用

芍药的根鲜脆多汁，可供药用。中医认为：中药里的白芍主要是指芍药的根，它具有养血、镇痛和通经、柔肝的功效，对辅助治疗女性的腹痛、眩晕、月经不调等症有良好的疗效。

多样芍药

草芍药：长圆柱形的根较为粗壮；茎高30~70厘米，上无毛，基部生数枚鞘状鳞片；单花顶生，花瓣为白色，6瓣，呈倒卵形；花期5~6月中旬。

紫斑芍药：花瓣白色，花瓣内面基部有深紫色斑块；花期5月；花芽要在长日照下发育开花，混合芽萌发后，若光照时间不足，就会只长叶不开花或开花异常。

美丽芍药：花红色，倒卵形，顶端圆形，有时稍有小尖头；花期4~5月；在中国多分布在湖北、甘肃、贵州、陕西、四川和云南的东北地区。

川赤药：花多为紫红色或粉红色，宽倒卵形，花药黄色；花期6~7月；多生长在中国甘肃中部和南部、宁夏南部、青海、陕西、山西、四川、西藏和云南。

科属：罂粟科，罂粟属	别名：鸦片、大烟、米壳花
花期：3~11月	分布：原产南欧，中国、印度、缅甸、老挝及泰国有栽培

罂粟

◉ 果实可入药

◉ 淡黄色的长圆形花药

罂粟是一年生草本植物。茎高 30~80 厘米，不分枝，无毛，有白粉。叶互生，叶片卵形或长卵形，长 7~25 厘米，先端渐尖至钝，基部心形，边缘有不规则的波状锯齿，两面无毛，有白粉，略突起的叶脉较明显；下部叶有短柄，上部叶无柄、抱茎。花单生，花蕾为无毛的卵圆状长圆形或宽卵形；绿色的宽卵形萼片 2，边缘膜质；花瓣 4 瓣，近圆形或近扇形，边缘为浅波状或各式分裂，粉红色、红色、白色、紫色或杂色；白色花丝为线形；淡黄色的长圆形花药；绿色子房为球形，无毛，辐射状柱头连合成扁平的盘状体，盘边缘深裂，裂片有细圆齿。蒴果球形或长圆状椭圆形，长 4~7 厘米，直径 4~5 厘米，无毛，成熟时褐色。黑色或深灰色种子多数，表面呈蜂窝状。

鸦片主要由罂粟未成熟果实中的乳白色浆液制干后而得，罂粟果壳中含有吗啡、可待因和罂粟碱等生物碱，加工入药，有敛肺、涩肠、止咳、止痛和催眠的功效，可用于辅助治疗久咳、久泻、久痢、脱肛和筋骨诸痛等症。此外，它的种子还可榨油供食用。

五感之看一看

美丽罂粟

罂粟十分美丽，它的叶片碧绿，花大，颜色五彩缤纷，茎株亭亭玉立，果期蒴果高高在上，是良好的庭园观赏植物。

| 科属：石蒜科，石蒜属 | 别名：龙爪花、蟑螂花 |
| 花期：8~9月 | 分布：中国、日本 |

石蒜

⊙ 花被裂片强烈皱缩和反卷

石蒜为多年生草本植物，近球形的鳞茎直径1~3厘米。在秋季长出狭带状的叶子，长约1.5厘米，宽约0.5厘米，顶端钝，深绿色，中间有粉绿色带。花茎高约30厘米；披针形总苞片2枚，长约3.5厘米，宽约0.5厘米；伞形花序有花4~7朵，鲜红色；花被裂片为狭倒披针形，长约3厘米，宽约0.5厘米，强烈皱缩和反卷，绿色花被筒长约0.5厘米；雄蕊明显伸出花被外，比花被长1倍左右。花期8~9月，果期10月。

石蒜喜阴、喜湿润、耐寒、耐干旱。对土壤要求不严，以富有腐殖质的土壤和阴湿、排水良好的环境为好，pH值在6~7之间。常野生在缓坡林缘、溪边等比较湿润及排水良好的地方。

⊙ 药用价值

石蒜有很高的园林价值，因其在萧瑟的冬季依然叶色深绿，给枯寂的庭院增添一抹绿意，因此在中国有较长的栽培历史。此外，石蒜也可盆栽、水养，或作切花用。它的鳞茎还有解毒、祛痰、利尿的功效，但需注意鳞茎有小毒，慎用。

五感之看一看

冬赏叶，秋赏花

石蒜是一种有很高的园艺价值的园林观赏植物，冬赏其叶，秋赏其花。且因其花形独特常被用来作装饰花坛材料。

| 科属：石竹科，剪秋罗属 | 别名：大花剪秋罗 |
| 花期：6~7月 | 分布：日本、俄罗斯、朝鲜及中国云南、山西等地 |

剪秋罗

⊙ 簇生的纺锤形根

剪秋罗为多年生草本植物，全株上有柔毛。纺锤形的根簇生，稍肉质。茎直立，不分枝或上部有分枝。叶片为卵状长圆形或卵状披针形，基部圆形，稀宽楔形，顶端渐尖，叶两面和边缘均有粗毛。聚伞花序有多花，紧缩呈伞房状；草质的卵状披针形苞片上有密集的长柔毛和缘毛；筒状棒形的花萼在后期上部微膨大，被稀疏白色长柔毛，沿脉较密，萼齿三角状，顶端急尖；花瓣深红色，狭披针形的爪不露出花萼，有缘毛，瓣片轮廓为倒卵形，深2裂达瓣片的1/2，裂片为椭圆状条形，有时顶端有不明显的细齿，瓣片两侧中下部各有1线形小裂片；副花冠片长椭圆形，暗红色，呈流苏状；花丝无毛。蒴果长椭圆状卵形；黑褐色种子为肾形，较肥厚，上有乳突。

⊙ 药用价值

剪秋罗全株可入药，味甘性寒，有清热利尿和健脾安神的功效，可用于辅助治疗小便不利、小儿疳积、盗汗、头痛和失眠等症。还可将剪秋罗鲜品捣烂敷在跌打损伤、创伤肿毒的位置；此外，对子宫出血、外伤出血和女性白带过多也有显著的功效。

> ### 五感之看一看
>
>
>
> #### 独特的深红花朵
> 剪秋罗会在每年的六七月份开花，花色深红，花梗较短，花形奇特，是颇受欢迎的景观布置植物，多用来布置花坛。

科属：百合科，百合属	别名：山丹、山丹花、山丹丹、山丹丹花
花期：7~8 月	分布：中国、俄罗斯、蒙古

◉ 花被强烈反卷

山丹百合

山丹百合为草本植物。有卵形或圆锥形的鳞茎，鳞片为矩圆形或长卵形。地上茎高达 60~80 厘米；有小乳头状突起，有的带紫色条纹。条形叶散生，多数集中在茎的中部，长可达 10 厘米，中脉在下叶面突出，边缘有乳头状突起。花朵排列成总状花序，有香味；花被鲜红色，通常无斑点，强烈反卷；蜜腺两边有乳头状突起；红色花丝长约 2.5 厘米；子房长约 1 厘米；花柱约比子房长 1 倍，柱头膨大，3 裂。矩圆形蒴果。花期 7~8 月，果熟期 9~10 月。

（注：侧边竖排）Part 3 红色系

山丹百合性喜阳光充足的环境，耐寒，略耐阴，喜微酸性土，忌硬黏土，多生于石质山坡、草地、灌丛和疏林下。此外，山丹百合的抗病、抗热、抗寒性及耐盐碱能力都很强。

◉ 栽培管理

山丹百合较易于栽培管理，在大多数土壤中都能生长，多生长在阴坡疏林下，气温较低、空气湿度大、无直射强光的环境中，但仍需充足光照，否则将会生长不良，而土壤的排水性能是影响山丹百合生长的关键，因此栽培时最好选择地势高的地方。

五感之闻一闻

淡淡香味

山丹百合的花为鲜艳的红色，花被强烈反卷，花朵排列成总状花序，花朵有香味，是既鲜艳美丽又闻之舒心的花朵。

科属：石竹科，石竹属　　别名：狮头石竹、麝香石竹
花期：5~8 月　　　　　　分布：世界各地广泛栽培

康乃馨

⊙ 宽倒卵形瓣片顶缘有不整齐齿

　　康乃馨为多年生草本植物，高 40~70 厘米，全株无毛。直立茎丛生，基部木质化，上部有稀疏分枝。线状披针形的叶片，顶端长渐尖，基部稍成短鞘，明显中脉在上叶面下凹，在下叶面稍凸起。花常单生枝端，宽卵形花瓣为粉红、紫红或白色，顶端有不整齐齿，有香气；花萼圆筒形，萼齿披针形，边缘膜质；雄蕊长达喉部；花柱伸出花外。卵球形蒴果比宿存萼稍短。花期 5~8 月，果期 8~9 月。

　　康乃馨属中日照植物，性喜凉爽、阳光充足，不耐炎热，可忍受一定程度的低温。喜保肥、通气和排水性能良好的土壤，其中以重壤土为好，适宜其生长的土壤 pH 值为 5.6~6.4。

⊙ 使用价值

　　康乃馨含有人体内所需的各种微量元素，食用有加速血液循环、促进新陈代谢和增强机体的新陈代谢的功能，同时还有排毒养颜、延缓衰老、调节女性内分泌系统，从而达到调节内分泌和减肥的目的。

五感之看一看

玲珑花朵

　　康乃馨的花朵体态玲珑、端庄大方，能散发出清幽的芳香。最近几年随着母亲节的兴起，康乃馨成为全球销量较大的花卉。

科属：虎耳草科，落新妇属	别名：小升麻、术活、马尾参
花期：6~9 月	分布：中国、俄罗斯、朝鲜、日本

落新妇

● 花序轴密被褐色卷曲长柔毛

落新妇为多年生草本植物，高 50~100 厘米。有粗壮的暗褐色根状茎和多数须根。基生叶为 2~3 回三出羽状复叶；顶生小叶片为菱状椭圆形，侧生小叶片为卵形至椭圆形，长 1.8~8 厘米，宽 1.1~4 厘米，先端短渐尖至急尖，边缘有重锯齿，基部楔形、浅心形至圆形，腹面沿脉有硬毛，背面沿脉有稀疏的硬毛和小腺毛；叶轴仅在叶腋部有褐色柔毛；较小的茎生叶有 2~3 枚。圆锥花序长 8~37 厘米，宽 3~12 厘米；花序轴密被褐色卷曲长柔毛；卵形苞片，几无花梗；花密集；卵形萼片 5 枚，长 1~1.5 毫米，宽约 0.7 毫米，两面无毛，边缘中部以上生微腺毛；线形花瓣 5 瓣，淡紫色至紫红色，长 4.5~5 毫米，宽 0.5~1 毫米，单脉。蒴果长约 3 毫米。褐色种子长约 1.5 毫米。

● 药用价值

落新妇有很高的药用价值，花含槲皮素，茎、叶含鞣质。根状茎入药有散淤止痛、祛风除湿和清热止咳的功效。根或全草可辅助治疗跌打损伤、腹泻、腹痛、烧伤烫伤和感冒等症。此外，根和根状茎还含有岩白菜素，可用于提制栲胶。

五感之看一看

典雅花序

落新妇圆锥状花序上着生密集的淡紫色至紫红色小花，十分雅致。可作盆栽和切花观赏，具有纯朴、典雅的风采。

科属：蔷薇科，木瓜属或苹果属　　别名：海棠花、木瓜

花期：4~5月　　分布：中国山东、河南、陕西、安徽等省区均有栽培

海棠

⊙ 花丝长短不一

　　海棠为落叶灌木或小乔木。有圆柱形的粗壮小枝，幼时上有短柔毛，逐渐脱落，老时为红褐色或紫褐色，无毛。椭圆形至长椭圆形的叶片，先端短渐尖或圆钝，基部宽楔形或近圆形，边缘有紧贴的细锯齿，有时部分近于全缘；叶柄上有短柔毛；窄披针形的膜质托叶，先端渐尖，全缘，内面有长柔毛。近伞形花序有花 4~6 朵，花梗上有柔毛；膜质的披针形苞片早落；花萼筒外面无毛或有白色绒毛；萼片为三角卵形，先端急尖，全缘，外面无毛或偶有稀疏绒毛，内面密布白色绒毛，萼片比萼筒稍短；淡红色或白色的卵形花瓣，在芽中呈粉红色，基部有短爪；花丝长短不等；花柱 5 个，稀 4，基部有白色绒毛，比雄蕊稍长。黄色果实近球形；果梗细长。花期 4~5 月，果期 8~9 月。

⊙ 实用海棠

　　海棠的实用性强；用海棠花制成的糖制酱，风味独特；由于花含蜜汁，因此还是良好的蜜源植物；果实经蒸煮后可制作成蜜饯，还可供药用，有祛风、顺气、舒筋和止痛的功效，并能解酒去痰；种仁可食并可用来制肥皂；树皮含鞣质，可提制烤胶。

五感之看一看

烂漫花朵

　　海棠的树姿优美，春天，花开烂漫，入秋后果实挂满枝头，芳香袭人。并且海棠花对二氧化硫等气体有较强的抵抗性，适合种植用于城市街道绿化和矿区绿化。

多样海棠

西府海棠: 花瓣近圆形或长椭圆形, 长约1.5厘米, 基部有短爪, 粉红色; 2009年4月24日被选为陕西省宝鸡市的市花, 宝鸡古有"西府"一称, "西府海棠"由此而来。

贴梗海棠: 又名皱皮木瓜; 花瓣倒卵形或近圆形, 基部延伸成短爪, 长10~15毫米, 宽8~13毫米, 猩红色, 稀淡红色或白色; 花期3~5月, 果期9~10月。

木瓜海棠: 花先叶开放, 花瓣倒卵形或近圆形, 长10~15毫米, 宽8~15毫米, 淡红色或白色; 生长在中国陕西、湖北、湖南、四川、云南、贵州、广西等地。

垂丝海棠: 花梗细弱下垂, 上有稀疏柔毛, 紫色; 粉红色花瓣为倒卵形, 基部有短爪, 常在5个以上; 花期3~4月, 果期9~10月; 可入药, 主治血崩。

科属：百合科，百合属	别名：山灯子花
花期：6~7月	分布：朝鲜、俄罗斯、中国

有斑百合

⊙ 深红色花瓣上有褐色斑点

有斑百合为多年生草本植物。卵状球形的白色鳞茎，长2~3厘米，直径1.5~3厘米，鳞茎上方的茎上簇生很多不定根，光滑无毛的茎直立，高30~70厘米，有时近基部带紫色。条形或条状披针形的叶互生，长3~7厘米，宽2~6毫米，先端渐尖，基部楔形，无叶柄，叶两面均无毛，有3~7条叶脉。直立、开展的花单生或数朵呈总状花序生于茎顶端，深红色花瓣上有褐色斑点；椭圆形或卵状披针形的花被片6枚，长3~4厘米，宽5~9毫米，蜜腺两边有乳头状突起；雄蕊6枚，花丝长约2厘米，橙黄色花药为长矩圆形，长约8毫米，橘红色花粉；子房长约1厘米，花柱长约5毫米。矩圆形蒴果，长约2.5厘米。花期6~7月，果期8~9月。

⊙ 形态特征

叶为条形或条状披针形。

单生或数朵呈总状花序生于茎顶端。

花为深红色，上有褐色斑点。

五感之尝一尝

甘甜味

有斑百合作中药时性平味甘，有润肺止咳和宁心安神的功效。多在秋季进行采挖，然后除去茎叶，洗净泥土，剥去鳞片，晒干或焙干备用。

Part 4
黄色系

黄色是轻快、活力的使者。
千里飘香的桂花，
小巧迷人的旋覆花，
品种繁多的菊花，
都是黄色花系的典型代表。

| 科属：木犀科，木犀属 | 别名：岩桂、木犀、九里香、金粟 |
| 花期：9~10月 | 分布：中国、印度、尼泊尔、柬埔寨 |

桂花

➤ 叶片为革质

桂花是常绿乔木或灌木，高3~5米，最高可达18米。灰褐色的树皮，小枝为黄褐色，无毛。革质叶片为椭圆形、长椭圆形或椭圆状披针形，先端渐尖，基部渐狭呈楔形或宽楔形，全缘或通常上半部有细锯齿，两面无毛，腺点在两面连成小水泡状突起，叶脉在上叶面凹入，在下叶面凸起，侧脉6~8对，多达10对；叶柄最长可达15厘米，无毛。聚伞花序簇生于叶腋，或近于帚状，每腋内有花多朵；厚质苞片为宽卵形，有小尖头，无毛；花梗细弱无毛；花萼裂片稍不整齐；花冠为黄白色、淡黄色、黄色或橘红色；花丝极短，长约0.5毫米；花药长约1毫米；花柱长约0.5毫米。椭圆形的果歪斜，长1~1.5厘米，呈紫黑色。花期9~10月上旬，果期为第二年3月。

➤ 形态特征

小枝为黄褐色，上无毛。

叶为革质，叶脉明显。

花黄白色至黄色或橘红色。

五感之闻一闻

金桂飘香

桂花终年常绿，枝繁叶茂，在秋季开花，9月，在公园散步的我们总能闻到桂花散发出的阵阵芳香。

多样桂花

硬叶丹桂： 叶为椭圆形或椭圆状披针形，先端钝尖或短尖，基部为宽楔形，全缘或1/3或2/3有锯齿，边缘呈波状，花散发出淡淡的香气，花冠为橙黄色。

佛顶珠： 叶波斜形或椭圆状波形，叶面明显呈"V"形，内折深墨绿色，叶缘基部以上或1/3以上有粗齿，花为黄白色，有微香，花瓣为倒卵形。

白洁： 叶长椭圆形或椭圆形，全缘；叶面较平整，先端钝尖或短渐尖；花为乳白色或浅黄白色，花香极浓郁，花冠斜展，花瓣呈倒卵形或倒卵状椭圆形。

晚银桂： 叶缘微波曲、反卷，基本全缘偶有先端有粗尖锯齿；叶面微凹，叶先端短尖，基部宽楔形；花瓣为圆形，四裂几全裂，花冠近白色，平展。

科属：木犀科，连翘属　　别名：黄花条、连壳、青翘
花期：3~4月　　　　　　分布：中国、日本

连翘

◉ 果表面有稀疏皮孔

　　连翘为落叶灌木植物。开展或下垂枝条为棕色、棕褐色或淡黄褐色，略呈四棱形的小枝为土黄色或灰褐色，上有稀疏皮孔，节间中空，节部有实心髓。叶通常为单叶，或3裂至三出复叶，卵形、宽卵形或椭圆状卵形至椭圆形的叶片，长2~10厘米，宽1.5~5厘米，先端锐尖，基部圆形、宽楔形至楔形，叶缘除基部外有锐锯齿或粗锯齿，上叶面深绿色，下叶面淡黄绿色，两面无毛；叶柄长0.8~1.5厘米，无毛。花通常单生，或2朵至数朵着生在叶腋，先花后叶；花梗长5~6毫米；绿色花萼裂片为长圆形或长圆状椭圆形，先端钝或锐尖，边缘有睫毛；黄色花冠裂片为倒卵状长圆形或长圆形。果为卵球形、卵状椭圆形或长椭圆形，先端喙状渐尖，表面有稀疏皮孔。花期3~4月，果期7~9月。

◉ 形态特征

叶无毛，除基部外边缘有锐锯齿或粗锯齿。

花冠为黄色，裂片为倒卵状长圆形或长圆形。

果先端喙状渐尖，表面有稀疏的皮孔。

五感之看一看

满枝金黄

　　连翘在早春时节，先叶开花，树姿优美，且花期长、花量多，盛开时满枝金黄，十分美丽，是早春优良的观花灌木。

科属：锦葵科，秋葵属	别名：羊角豆、糊麻、秋葵、黄秋葵
花期：5~9 月	分布：原产地印度，中国湖南、湖北、广东等地有栽培

⊙ 掌状叶 3~7 裂

咖啡秋葵

咖啡秋葵为一年生草本植物。圆柱形的茎上疏生散刺。叶掌状，3~7 裂，裂片由阔至狭，边缘有粗齿和凹缺，叶两面都有稀疏硬毛；叶柄长 7~15 厘米，上有长硬毛；线形托叶上有稀疏硬毛。花单生于叶腋间，花梗长 1~2 厘米，上有稀疏粗糙的硬毛；花萼钟形，密被星状短绒毛；花黄色，内面基部紫色；花瓣倒卵形。蒴果呈筒状尖塔形，顶端有长喙，上有稀疏糙硬毛。球形种子多数，上有毛脉纹。

咖啡秋葵喜温暖和长时间的光照，耐旱、耐湿且耐热力强，怕严寒，不耐涝。对光照条件尤为敏感，要求光照充足。因此要选择向阳地块。对土壤适应性强，以土层深厚、疏松肥沃和排水良好的土壤或沙质土壤较为适宜。

⊙ 形态特征

蒴果筒状尖塔形，顶端有长喙。

花黄色，内面基部紫色。

叶为掌状，3~7 裂。

> **五感之看一看**

艳丽花朵

咖啡秋葵花果期长，花大而艳丽，且颜色多样，有白色、黄色、紫色等颜色，因此，经常被作为观赏植物进行栽培。

科属：酢浆草科，酢浆草属	别名：酸味草、鸠酸、酸醋酱
花期：2~9 月	分布：亚洲、欧洲、地中海、北美洲

酢浆草

⊙ 倒心形无柄小叶 3 片

酢浆草为多年生草本植物，丛生，全株上有柔毛。茎细弱，多分枝，直立或匍匐，匍匐茎节上生根。叶基生或在茎上互生；小托叶为长圆形或卵形，边缘有密集长柔毛，基部与叶柄合生；叶柄长 1~13 厘米，基部有关节；倒心形无柄小叶 3 片，先端凹入，基部宽楔形，两面均有柔毛或表面无毛，沿脉有密柔毛，边缘有贴伏缘毛。花单生或数朵集为伞形花序状，腋生，总花梗为淡红色，与叶近等长；花梗长 4~15 毫米，果后延伸；披针形膜质小苞片 2 枚；披针形或长圆状披针形萼片 5 片，背面和边缘均有柔毛，宿存；长圆状倒卵形黄色花瓣 5 瓣；花丝呈白色半透明，有时有稀疏的短柔毛；花柱 5 个，柱头头状。蒴果长圆柱形，5 棱。长卵形种子为褐色或红棕色，有横向肋状网纹。

⊙ 形态特征

根茎稍肥厚，全株有柔毛。

小叶 3 片，无柄，倒心形。

花瓣 5 瓣，黄色，长圆状倒卵形。

五感之看一看

精致黄色小花

酢浆草为丛生，春夏秋不间断开花，以春秋凉爽时节花开最盛。酢浆草植株低矮，生长快，开花时间长，黄色小花十分精致。

多样酢浆草

白色酢浆草：花白色，生长缓慢，大约每10000 株当中，会有 1 株长出 4 片叶子；不仅是爱尔兰的国花，同时童军也以它作为徽章。

紫色酢浆草：叶片自根际直接长出，有又长又细的叶柄，叶片由 3 片倒心形的小叶组合而成，花为优雅的淡紫色；较耐寒，花、叶对光较为敏感。

红花酢浆草：植株低矮、整齐，花多叶繁，花期长，花色为鲜艳的红色，覆盖地面迅速，又能抑制杂草生长，很适合在花坛、花径、疏林地和林缘大片种植。

小轮黄花品种：花为黄色，与紫花酢浆草同科又同属，有又长又细的匍匐茎，叶在茎上对生，叶片亦由 3 片小叶组成，小叶比紫花酢浆草要小一些。

科属：菊科，向日葵属　　别名：五星草、洋羌、番羌
花期：8~9月　　　　　　分布：原产北美洲，经欧洲传入中国

菊芋

⊙ 黄色的舌状花和管状花

　　菊芋为多年生草本植物，有块状的地下茎和纤维状根。茎直立，有分枝，上有白色短糙毛或刚毛。叶常对生，有叶柄，上部叶互生，长椭圆形至阔披针形，基部渐狭，下延成短翅状，顶端渐尖，短尾状；下部叶为卵圆形或卵状椭圆形，有长柄，基部为宽楔形或圆形，有时微心形，顶端渐细尖，边缘有粗锯齿，上叶面被白色短粗毛，下叶面被柔毛，叶脉上有短硬毛。较大的头状花序，少数或多数，在枝端单生，有 1~2 个直立的线状披针形苞叶，披针形的总苞片多层，顶端长渐尖，背面有短伏毛，边缘有开展的缘毛；长圆形的托片背面有肋，上端不等三浅裂。舌状花通常 12~20 个，开展的黄色舌片为长椭圆形；管状花花冠黄色。楔形小瘦果上端有 2~4 个有毛的锥状扁芒。

⊙ 形态特征

有块状的地下茎和纤维状根。

黄色的舌状花和管状花花冠。

叶常为对生，有叶柄。

五感之看一看

根系发达

　　菊芋的根系特别发达，在 2~3 天内就会在地表形成一层由茎和根系编织成的防护地表层水土的网络，是固沙、治沙、改变沙漠生态的首选植物。

科属：菊科，金盏菊属	别名：金盏花、黄金盏、长生菊
花期：12月至次年6月	分布：世界各地均有栽培

金盏菊

◉ 全株被白色绒毛

金盏菊株为二年生草本植物，高30~60厘米，全株有白色绒毛。椭圆形或椭圆状倒卵形的单叶互生，全缘，基生叶有柄，上部基生叶抱茎。头状花序单生茎顶，较大型，直径为4~6厘米，舌状花一轮，或多轮平展，金黄或橘黄色；筒状花为黄色或褐色；也有重瓣，也就是舌状花多层、卷瓣和绿心、深紫色花心等栽培品种。花期12月至次年6月，盛花期为3~6月。船形、爪形的瘦果。果熟期5~7月。

金盏菊喜阳光充足的环境，适应性较强，能受 −9℃的低温。不择土壤，以疏松、肥沃、微酸性土壤最好，耐瘠薄干旱的土壤和阴凉环境，在阳光充足及肥沃地带生长良好，能自播，生长快。

◉ 形态特征

大型的头状花序单生茎顶。

叶为单叶互生，全缘。

花为黄色的舌状花。

五感之看一看

大型花朵单生茎顶

金盏菊的花较为大型，直径为4~6厘米，单生茎顶，且花期长，金黄色的花朵给大自然增添了不少魅力。

科属：毛茛科，金莲花属　　别名：金梅草、金疙瘩

花期：6~7月　　分布：原产南美，我国各地均可栽培

金莲花

◉ 五角形叶片三全裂

金莲花植株无毛。有长达 7 厘米的须根。茎高 30~70 厘米，不分枝，疏生 2~4 叶。有长柄的基生叶为 1~4 枚；五角形叶片，基部心形，三全裂，全裂片分开；叶柄长 12~30 厘米，基部有狭鞘；茎生叶和基生叶相似，下部茎生叶有长柄，上部茎生叶较小，有短柄或无柄。花单独顶生或 2~3 朵组成稀疏的聚伞花序；花梗长 5~9 厘米；苞片 3 裂；金黄色萼片 6~19 片，干时不变绿色，最外层萼片为椭圆状卵形或倒卵形，顶端有稀疏的三角形牙齿，间或生 3 个小裂片，其他萼片为椭圆状倒卵形或倒卵形，顶端圆形，生不明显的小牙齿；狭线形花瓣 18~21 瓣，比萼片稍长或与萼片近等长，顶端渐狭。蓇葖果有稍明显的脉网。黑色、光滑的种子近倒卵球形，有 4~5 棱角。

◉ 形态特征

茎高 30~70 厘米，不分枝。

叶为五角形，基部为心形。

花有金黄色萼片和狭线形花瓣。

五感之看一看

绿叶嫩花

金莲花有良好的观赏价值，茎叶形态优美，花大色艳，夏季绿叶嫩花相互映衬，是优良的时尚花卉植物。

| 科属：旱金莲科，旱金莲科 | 别名：旱荷、寒荷、旱莲花 |
| 花期：6~10月 | 分布：原产秘鲁、巴西等地，现中国普遍引种 |

旱金莲

⊙ 盾状叶柄向上扭曲

旱金莲为多年生做一年生栽培植物。茎叶稍肉质，半蔓生，无毛或有稀疏毛。叶互生；叶柄长6~31厘米，向上扭曲，盾状，着生于叶片的近中心处；圆形叶片，直径3~10厘米，有主脉9条，从叶柄着生处向四面放射，边缘为波浪形的浅缺刻，背面通常有稀疏的毛或有乳突点。单花腋生，花柄长6~13厘米；花黄色、紫色、橘红色或杂色，直径2.5~6厘米；花托杯状；长椭圆状披针形的萼片5片，基部合生，边缘膜质；花瓣5瓣，圆形，边缘有缺刻，上部2片通常全缘，长2.5~5厘米，宽1~1.8厘米；分离雄蕊8枚，长短互间；子房3室；花柱1枚，柱头3裂，线形。扁球形果在成熟时分裂成3个含有1粒种子的瘦果。花期6~10月，果期7~11月。

⊙ 形态特征

叶片圆形，有主脉9条，边缘有浅缺刻。

花冠为黄色、紫色、橘红色或杂色。

种子肾形，无光泽，表面有沟壑。

五感之看一看

叶如碗莲

旱金莲叶肥花美，叶形和碗莲相似，绽放出乳黄色的花朵，就像是飞舞的蝴蝶，是一种重要的观赏花卉。

旋覆花

◉ 横走或斜升的较短根状茎

旋覆花为多年生草本植物。根状茎短，横走或斜升，有稍粗壮的须根。直立茎单生，有时 2~3 个簇生，高 30~70 厘米。基部叶常较小，在花期枯萎；中部叶为长圆形、长圆状披针形或披针形，基部多少狭窄，无柄，顶端稍尖或渐尖，边缘有小尖头状疏齿或全缘，上叶面有稀疏柔毛或近无毛，下叶面有稀疏伏毛和腺点；中脉和侧脉有较密长毛；上部叶渐狭小，为线状披针形。头状花序直径 3~4 厘米，多数或少数排列成疏散的伞房花序；花序梗细长；总苞半球形，总苞片为线状披针形，近等长，约 6 层；舌状线形花黄色，比总苞长 2~2.5 倍；管状花花冠有三角披针形裂片；白色冠毛 1 层，与管状花近等长。瘦果圆柱形，顶端截形，上有稀疏短毛。花期 6~10 月，果期 9~11 月。

◉ 形态特征

茎单生，直立，高 30~70 厘米。

叶长圆形、长圆状披针形或披针形。

花为舌状线形，黄色花冠。

五感之看一看

花朵像菊花

旋覆花的花朵形态和菊花很像，且花期又在 6~10 月，因此又得名"六月菊"。

科属：豆科，百脉根属	别名：五叶草、牛角花
花期：5~9月	分布：原产欧、亚两洲温暖地区，现世界各国广泛栽培

➲ 花干后常变蓝色

百脉根

百脉根为多年生草本植物。高15~50厘米，全株散生稀疏白色柔毛或秃净。近四棱形的实心茎丛生，平卧或上升。羽状复叶小叶5片；叶轴长4~8毫米。伞形花序；总花梗长3~10厘米；花3~7朵集生在总花梗顶端；苞片叶状，与花萼等长，宿存；花萼钟形，无毛或有稀疏柔毛，萼齿近等长，狭三角形，渐尖，与萼筒等长；花冠黄色或金黄色，干后常变蓝色，旗瓣扁圆形，瓣片和瓣柄几等长，翼瓣和龙骨瓣等长，均略短于旗瓣，龙骨瓣呈直角三角形弯曲，喙部狭尖；雄蕊两体，花丝分离部雄蕊筒略短；花柱直，与子房等长成直角上指，柱头点状；子房线形，无毛，胚珠35~40粒。线状圆柱形的褐色荚果，二瓣裂，扭曲。卵圆形、灰褐色的细小种子多数。

Part 4 黄色系

➲ 形态特征

茎丛生，平卧或上升。

叶为羽状复叶小叶5枚。

花冠黄色或金黄色。

五感之看一看

花荚形状像鸟足

百脉根的花色为淡黄至深黄色，花荚长圆形，聚生在花梗顶端，散开，形状如鸟足，故有"鸟足豆"之称。

167

菊花

◉ 管状花常特化成舌状花

菊花为多年生草本植物，高 60~150 厘米。分枝或不分枝的直立茎上有柔毛。叶互生，有短柄，叶片为卵形至披针形，长 5~15 厘米，有叶柄，羽状浅裂或半裂，基部楔形，边缘有粗大锯齿或深裂，下叶面上有白色短柔毛。头状花序单生或数个集生在茎枝顶端，直径 2.5~20 厘米，大小不一；因品种不同，差别很大。总苞片多层，外层为绿色的条形，边缘膜质，外面有柔毛；舌状花有红、黄、白、橙、紫、粉红、暗红等各色，培育的品种极多，形状因品种而有单瓣、平瓣、匙瓣等多种类型，当中为管状花，常全部特化成舌式舌状花。褐色瘦果长 1~3 毫米，宽 0.9~1.2 毫米，上端稍尖，呈扁平楔形，表面有纵棱纹，果内结 1 粒无胚乳的种子，果在次年 1~2 月成熟。

◉ 使用价值

菊花茶是人们秋季最常饮用的茶水，不仅能清热去火，还能令人长寿。此外，菊花还可入药，将菊花、陈艾叶捣碎为粗末，装入纱布袋中，做成护膝，有祛风除湿、消肿止痛的功能，对于辅助治疗"鹤膝风"等关节炎有很好的疗效。

五感之看一看

赏菊

赏菊，一直是中国民间长期流传的习惯，特别是在重阳节这天，登高赏菊成为风俗，菊花成了重阳节不可缺少的主角。

多样菊花

万寿菊： 又名臭芙蓉；直立茎粗壮，上有纵细条棱，分枝向上平展；花序梗顶端棍棒状膨大，舌状花黄色或暗橙色，管状花花冠黄色；常于春天播种，花大、花期长。

白菊花： 又名甘菊、杭菊、杭白菊；花序为扁球形、不规则球形或稍压扁，直径 1.5~4 厘米；花外围为数层舌状花，类白色或黄色，中央为管状花；气清香，味甘、微苦。

黑心菊： 枝叶粗糙，全株被毛，重瓣舌状花黄色，有时有棕色黄带，紫褐色花心隆起；原产美国东部地区；耐寒性不强，中国华中地区尚可秋播，露地越冬。

小红菊： 茎直立或基部弯曲，舌状花为白色、粉红色或紫色，舌片长，顶端 2~3 齿裂；分布在俄罗斯、朝鲜以及中国河北、陕西、甘肃、吉林和内蒙古等省区。

科属：蔷薇科，委陵菜属　　别名：鸡腿根、鸡拔腿、天藕
花期：5~9 月　　分布：中国大部分省区、日本、朝鲜

翻白草

⊛ 茎生叶有掌状小叶 3~5 片

翻白草为多年生草本植物。粗壮根下部常呈肥厚纺锤形。直立花茎上升或微铺散，上密被白色绵毛。基生叶有小叶 2~4 对，连叶柄长 4~20 厘米，叶柄密被白色绵毛，有时有长柔毛；无柄小叶对生或互生，小叶片为长圆形或长圆披针形，顶端圆钝，少有急尖，基部楔形、宽楔形或偏斜圆形，边缘有圆钝锯齿，稀急尖；茎生叶 1~2 片，有掌状小叶 3~5 片；基生叶托叶膜质，褐色，外面长有白色长柔毛；茎生叶托叶为绿色的草质，卵形或宽卵形，边缘常有缺刻状牙齿，稀全缘，下面密被白色绵毛。聚伞花序有疏散花数朵至多朵，花梗外被绵毛；花萼片为三角状卵形，副萼片为披针形，比萼片短，外面被白色绵毛；倒卵形的黄色花瓣，顶端微凹或圆钝，比萼片长。

⊛ 形态特征

茎直立或微铺散，上密被白色绵毛。

叶有掌状小叶 3~5 片，边缘有圆钝锯齿。

花瓣为倒卵形，黄色，顶端微凹或圆钝。

五感之尝一尝

苦涩味

翻白草的嫩茎叶、根吃起来有苦涩的味道，用热水焯熟后，再用凉水浸泡，可去掉苦涩味道，用于凉拌、炒食和做汤。

科属：藤黄科，金丝桃属	别名：土连翘
花期：5~8月	分布：中国、日本

⊙ 三角状倒卵形的星状花

金丝桃为灌木植物。坚纸质的叶对生，无柄或有短柄；叶片倒披针形或椭圆形至长圆形，或较少为披针形至卵状三角形或卵形，先端锐尖至圆形，通常有细小尖突，基部楔形至圆形或上部有时为截形至心形，边缘较平坦。花序有花1~30朵，自茎端第1节生出，呈疏松的近伞房状；线状披针形的小苞片早落；萼片宽或为狭椭圆形、长圆形至披针形、倒披针形，先端锐尖至圆形；金黄色至柠檬黄色的花瓣，三角状倒卵形星状花，边缘全缘，无腺体，有侧生的小尖突，小尖突先端锐尖至圆形或消失；花药黄色至暗橙色；子房卵珠形或卵珠状圆锥形至近球形。蒴果宽卵珠形或稀为卵珠状圆锥形至近球形。圆柱形深红褐色的种子，有狭的龙骨状突起和浅的线状网纹至线状蜂窝纹。

金丝桃

⊙ 形态特征

茎为圆柱形，直立。

叶为坚纸质，对生。

星状花，花瓣黄色。

五感之看一看

金丝状雄蕊

金丝桃的花叶均秀丽，花冠形状像桃花，雄蕊为金黄色，又细又长，像金丝一样绚丽可爱。

| 科属：菊科，苦苣菜属 | 别名：荬菜、野苦菜、野苦荬 |
| 花期：7月至次年3月 | 分布：中国大部分省区 |

苣荬菜

⊙ 全株有乳汁

苣荬菜为多年生草本植物，全株有乳汁。直立茎高 30~80 厘米。有匍匐的地下根状茎和多数须根，直立、平滑的地上茎少分支。披针形或长圆状披针形的叶多数，互生，长 8~20 厘米，宽 2~5 厘米，先端钝，基部呈耳状抱茎，边缘有稀疏的缺刻或浅裂，缺刻和裂片都有尖齿；基生叶有短柄，茎生叶无柄。顶生的头状花序，单一或呈伞房状，直径 2~4 厘米，钟形总苞；鲜黄色的舌状花，雄蕊 5 枚，花药合生；雌蕊 1 枚，子房下位，纤细花柱的柱头 2 裂，花柱与柱头上都有白色腺毛。瘦果侧扁，有棱和纵肋，先端有多层白色冠毛，冠毛细软。花期为 7 月至次年 3 月，果期为 8 月至次年 4 月。

⊙ 药用价值

苣荬菜有很高的药用价值，主要具有清热解毒、凉血利湿、消肿排脓、祛淤止痛和补虚止咳的功效。对预防和治疗贫血、维持人体正常生理活动、促进人体的生长发育等有良好的功效，此外，还有消暑保健的功能。

五感之摸一摸

叶有尖齿

苣荬菜的叶子边缘有细小的白色尖齿，摸起来比较粗糙，甚至会有稍稍刺手的感觉，在野外玩耍的你注意不要被扎到哟！

| 科属：菊科，鸦葱属 | 别名：罗罗葱、谷罗葱、兔儿奶 |
| 花期：4~5月 | 分布：俄罗斯、哈萨克斯坦、蒙古、中国 |

鸦葱

◉ 黑褐色的根垂直直伸

　　鸦葱为多年生草本植物，高10~42厘米。黑褐色的根垂直直伸。直立而光滑无毛的茎多数，簇生，不分枝。基生叶为线形、狭线形、线状长椭圆形、线状披针形或长椭圆形，先端渐尖或钝而有小尖头或急尖，向下部渐狭成长柄，柄基鞘状扩大或向基部直接形成扩大的叶鞘，侧脉不明显，边缘平或稍见皱波状，叶两面无毛或仅沿基部边缘有蛛丝状柔毛；鳞片状的茎生叶少数，2~3枚，为披针形或钻状披针形，基部心形，半抱茎。头状花序单生茎端。圆柱状的总苞，总苞片约5层，外层为三角形或卵状三角形，中层为偏斜披针形或长椭圆形，内层为线状长椭圆形；全部总苞片光滑无毛，顶端急尖、钝或圆形。黄色的舌状小花。圆柱状瘦果，有多数纵肋，无毛，无脊瘤。

◉ 药用价值

　　鸦葱的采摘期较长，在春夏秋三季均可采挖，去掉叶子，将泥土洗净，茎根可鲜用或切片晒干，药用时有清热解毒和活血消肿的功效。将鲜品捣烂敷在患处，或捣汁擦患处，可治疗疮、痈疽、毒蛇咬伤和蚊虫叮咬等。

　　五感之看一看

黄色的舌状花

　　鸦葱的花托较为平坦，且全部花为黄色的两性舌状花，多单生茎顶，花朵较大，十分鲜艳。

| 科属：柳叶菜科，月见草属 | 别名：晚樱草、待霄草、山芝麻 |
| 花期：4~10月 | 分布：中国、阿根廷 |

月见草

◉ 锥状圆柱形的蒴果

月见草为直立二年生粗壮草本植物。茎生叶为椭圆形至倒披针形，先端锐尖至短渐尖，基部楔形，边缘每边有 5~19 枚稀疏钝齿，侧脉 6~12 条，叶两面有曲柔毛和长毛。穗状花序不分枝；叶状苞片长大后为椭圆状披针形，自下向上由大变小，近无柄，果时宿存；花蕾为锥状长圆形，顶端有长约 3 毫米的喙；花管为黄绿色，开花时带红色；绿色萼片有时带红色，长圆状披针形，先端皱缩成尾状；宽倒卵形花瓣为黄色，稍有淡黄色，先端有微凹缺；花丝近等长；绿色子房为圆柱状，有 4 棱。直立绿色的锥状圆柱形蒴果，向上变狭，有明显的棱。暗褐色棱形有棱角的种子在果中呈水平状排列，各面有不整齐的洼点。

◉ 形态特征

茎生叶为椭圆形至倒披针形，上有曲柔毛和长毛。

花瓣黄色，稀淡黄色，宽倒卵形，先端微凹缺。

果直立，绿色，为锥状圆柱形，向上变狭，有棱。

五感之尝一尝

味甘、苦

月见草是人们发现的最重要的营养药物，性温，味甘、苦，多制成胶丸和软胶囊，可调节血液中的类脂物质。

多样月见草

美丽月见草：又名待霄草、粉晚樱草；花瓣粉红至紫红色，宽倒卵形，先端圆钝；花丝白色至淡紫红色；花药为粉红色至黄色，长圆状线形。

粉花月见草：有粗大的主根，茎常丛生，长30~50厘米；花瓣为粉红至紫红色，宽倒卵形；花柱白色，柱头红色，围以花药，花药粉红色至黄色，长圆状线形。

四翅月见草：花在傍晚开放，花管为近漏斗状；狭披针形萼片为黄绿色，开放时反折，再从中部上翻，花瓣白色，受粉后变紫红色，宽倒卵形。

黄花月见草：花蕾为斜展的锥状披针形，顶端有长约6毫米的喙；花管上有稀疏曲柔毛、长毛与腺毛；黄绿色的狭披针形萼片；宽倒卵形黄色花瓣。

油菜

◉ 4 瓣十字花瓣

　　油菜为一年生草本植物。直立茎的分枝较少，株高 30~90 厘米。叶互生，基生叶为椭圆形，有叶柄，大头羽状分裂，顶生裂片为圆形或卵形，上有密集刺毛和蜡粉；茎生叶和分枝叶无叶柄，下部茎生叶为羽状半裂，基部扩展且抱茎，两面有硬毛和缘毛；上部茎生叶为提琴形或披针形，基部心形，抱茎，两侧有垂耳，全缘或有枝状细齿。总状多数花序着生在主茎或分枝顶端，黄色花瓣 4 瓣，雄蕊 6 枚。长角果条形，由两片荚壳组成，长 3~8 厘米，宽 2~3 毫米，先端有长 9~24 毫米的喙，果梗长 3~15 毫米。长角果中间有 1 个隔膜，两侧各有 10 个左右的球形种子，种子的颜色呈深红色或黑色或黄色，因品种的不同而不同。

◉ 形态特征

叶互生，羽状分裂。

花瓣黄色，4 瓣。

种子多为黑褐色。

五感之看一看

花黄色鲜

　　油菜开黄色的鲜艳花朵，且为总状花序，花开季节，一片片的油菜花蔚为壮观，令人惊叹。

科属：蔷薇科，棣棠花属	别名：棣棠、地棠、蜂棠花
花期：4~6 月	分布：中国华北至华南地区

◉ 拱垂的圆柱形绿色小枝

棣棠花

棣棠花为落叶灌木植物，高 1~2 米，稍有达 3 米。圆柱形的绿色小枝无毛，常拱垂，嫩枝有棱角。三角状卵形或卵圆形的叶互生，顶端长渐尖，基部圆形、截形或微心形，边缘有尖锐重锯齿，叶绿色，上叶面无毛或有稀疏柔毛，下叶面沿脉或脉腋有微柔毛；叶柄长 5~10 毫米，上无毛；带状披针形的膜质托叶有缘毛，早落。单花着生在当年生侧枝的顶端，花梗无毛；花直径 2.5~6 厘米；卵状椭圆形的萼片，顶端急尖，有小尖头，全缘，无毛，果时宿存；宽椭圆形的黄色花瓣，顶端下凹，比萼片长 1~4 倍。倒卵形至半球形的瘦果为褐色或黑褐色，表面无毛，有皱褶。花期 4~6 月，果期 6~8 月。

◉ 形态特征

枝为圆柱形，绿色无毛，常拱垂，嫩枝有棱角。

叶为三角状卵形或卵圆形，边缘有尖锐重锯齿。

花有重瓣和单瓣，花瓣为宽椭圆形，黄色，顶端下凹。

五感之看一看

金花满树

棣棠花有翠绿细柔的枝叶，在花开时节，金花满树，风姿绰约，小小的黄色花朵十分雅致，野趣盎然。

款冬花

⊙ 花茎上有互生小叶

　　款冬花为多年生草本植物，高 10~25 厘米。厚质基生叶为广心脏形或卵形，长 7~15 厘米，宽 8~10 厘米，基部心形或圆形，先端钝，边缘呈波状疏锯齿，锯齿先端带红色，上叶面平滑，暗绿色，下叶面密生白色毛；叶面上有掌状网脉，主脉 5~9 条；有半圆形的叶柄，长 8~20 厘米；近基部的叶脉和叶柄带红色，并有毛茸。花茎长 5~10 厘米，有毛茸，花茎上有互生小叶 10 余片，叶片为长椭圆形至三角形。头状花序顶生；总苞片 1~2 层，椭圆形苞片质薄，有毛茸；鲜黄色的舌状花在周围一轮，单性，花冠先端凹，雌蕊 1 枚，子房下位，花柱长，柱头 2 裂；筒状花两性，先端 5 裂，裂片为披针状，雄蕊 5 枚，花药连合。长椭圆形瘦果上有纵棱，冠毛淡黄色。花期 2~3 月。果期 4 月。

⊙ 形态特征

叶广心脏或卵形，边缘呈波状疏锯齿，锯齿先端带红色。

花茎上有毛茸，并长有长椭圆形至三角形的互生小叶。

花为鲜黄色的舌状小花，一轮，花冠先端微凹。

五感之看一看

宽大叶片

　　款冬花的叶子非常厚实而又大型，故常被用来当作遮雨或遮阳的工具，而由此引申出它的花语为公正。

龙牙草

⊙ 间断的奇数羽状复叶

　　龙牙草为多年生草本植物。茎高30~120 厘米，上有稀疏柔毛和短柔毛，少数茎下部有稀疏长硬毛。叶为间断奇数羽状复叶，通常有小叶 3~4 对，叶柄上有稀疏柔毛或短柔毛；倒卵形、倒卵椭圆形或倒卵披针形的小叶片无柄或有短柄，顶端急尖至圆钝，稀渐尖，基部楔形至宽楔形，边缘有急尖到圆钝的锯齿；草质托叶绿色，多为镰形，稀卵形，顶端急尖或渐尖，边缘有尖锐锯齿或裂片，稀全缘，茎下部托叶有时为卵状披针形，常全缘。穗状花序顶生，分枝或不分枝；苞片通常深 3 裂，裂片为带形，卵形小苞片对生，全缘或边缘分裂；三角卵形萼片 5 枚；长圆形的黄色花瓣；丝状花柱 2 个，柱头头状。倒卵圆锥形的果实，外面有10 条肋，上有稀疏柔毛，顶端有数层钩刺。

Part 4 黄色系

⊙ 形态特征

叶为间断奇数羽状复叶，边缘有锯齿。

花序呈穗状顶生，花序轴上有柔毛。

花直径 6~9 毫米，花瓣为长圆形，黄色。

五感之尝一尝

味苦而涩

　　龙牙草有苦涩的味道，作药用时有止血、健胃、滑肠、止痢和杀虫的功效，多用来治疗泻痢和女性月经不调等症。

科属：毛茛科，驴蹄草属　　别名：马蹄叶、马蹄草、立金花
花期：5~9月　　　　　　　分布：在北半球温带和寒温带地区广布

驴蹄草

◉ 独特叶片

驴蹄草为多年生草本植物。植株无毛，有多数的肉质须根。实心茎高10~48厘米，粗1.5~6毫米，上有细纵沟，在中部或中部以上分枝，少数不分枝。基生叶3~7枚，有长柄；叶片为圆形、圆肾形或心形，顶端为圆形，基部为深心形或基部二裂片互相覆压，边缘密生正三角形小牙齿；茎生叶通常向上逐渐变小，少数与基生叶近等大，圆肾形或心形，有较短的叶柄或最上部叶没有柄。在茎或分枝顶部有由2朵花组成的单枝聚伞花序；苞片为心形，边缘生牙齿；花梗长1.5~10厘米；黄色倒卵形或狭倒卵形的萼片5枚，顶端圆形；花药长圆形；花丝狭线形。蓇葖果长约1厘米，宽约3毫米，有横脉，喙长约1毫米。黑色有光泽的狭卵球形的种子，上有少数纵皱纹。

◉ 形态特征

茎为实心，有细纵沟，在中部或中部以上分枝。

叶为圆形、圆肾形或心形，基部为深心形。

花为黄色倒卵形或狭倒卵形，顶端圆形。

五感之看一看

驴蹄形叶子

驴蹄草因其叶子形状像驴蹄印而得名，叶子形态十分可爱。需注意，驴蹄草有小毒，不要轻易食用。

科属：玄参科，毛蕊花属	别名：牛耳草、大毛叶、一柱香
花期：6~8月	分布：中国新疆、西藏、云南、四川等地

毛蕊花

◉ 花药基部下延成"个"字形

毛蕊花为二年生草本植物。高达 1.5 米，全株被密而厚的浅灰黄色星状毛。基生叶和下部的茎生叶为倒披针状矩圆形，基部渐狭成短柄状，长达 15 厘米，宽达 6 厘米，边缘有浅圆齿，上部茎生叶逐渐缩小而渐变为矩圆形至卵状矩圆形，基部下延成狭翅。穗状花序呈圆柱状，长达 30 厘米，直径达 2 厘米，结果时还可伸长和变粗，花密集，数朵簇生在一起，花梗很短；花萼裂片为披针形，长约 7 毫米；黄色花冠，直径 1~2 厘米；雄蕊 5 枚，后方 3 枚花丝有毛，前方 2 枚花丝无毛；花药基部下延成"个"字形。卵形蒴果约与宿存的花萼等长。花期 6~8 月，果期 7~10 月。

◉ 形态特征

全株有密而厚的浅灰黄色星状毛。

穗状花序呈圆柱状，上有密集花朵。

花冠为黄色，直径为 1~2 厘米。

五感之尝一尝

味辛、苦

毛蕊花性寒，味辛、苦，作药用时有清热解毒的功效，可用于辅助治疗肺炎和慢性阑尾炎。有小毒，慎用。

科属：菊科，南美蟛蜞菊属	别名：三裂叶蟛蜞菊、地锦花、穿地龙
花期：全年	分布：原产南美洲，中国、印度、菲律宾、日本有栽培

南美蟛蜞菊

➲ 花谢后花冠像莲蓬头

南美蟛蜞菊的茎横卧地面，上有短毛。油亮肥厚的叶对生，无柄，为椭圆形、长圆形或线形，长 3~7 厘米，宽 7~13 毫米，基部狭，顶端短尖或钝，全缘或有 1~3 对疏粗齿。头状花黄色，单生在茎顶；卵形苞片上有粗刚毛，外围为舌状花瓣 7~9 片，花冠短宽，鲜黄腋生，有长柄，中心为筒状的管状花，两性，五齿裂，花柱有尖头，花谢后花冠像个小莲蓬头。瘦果为菱形，有棱，先端有硬冠毛。全年开花不断，是优良的地被植物。

南美蟛蜞菊原产南美洲，生性粗放，性喜温带至热带气候，不耐霜冻。生长适宜温度为 18~30℃。生性强健，绿化迅速，不仅可稳固水土，还能抑制杂草的生长，但不耐践踏。

➲ 形态特征

茎上有短而压紧的绒毛。

叶油亮肥厚，无柄。

花冠短宽，鲜黄色。

五感之摸一摸

厚重的纸质叶片

南美蟛蜞菊的叶片摸起来是属于纸质，但由于叶片上下表面有平铺的硬毛，所以感觉很厚重。

科属： 菊科，千里光属	**别名：** 九里明、蔓黄、菀
花期： 8~9 月	**分布：** 中国河南、陕西、江苏、浙江、广西、四川

千里光

⊙ 花药基部有钝耳

千里光为多年生攀缘草本植物。较粗的木质根状茎，直径达 1.5 厘米。弯曲伸长的茎长 2~5 米，多分枝，上有柔毛或无毛。叶片为卵状披针形至长三角形，顶端渐尖，基部为宽楔形、截形、戟形或稀心形，通常有浅或深齿，稀全缘，有时有细裂或羽状浅裂；上部叶变小，为披针形或线状披针形。头状花序有多数舌状花，在茎枝端排列成顶生复聚伞圆锥花序。圆柱状钟形的总苞，有线状钻形的外层苞片约 8 片；舌状花 8~10 枚，黄色舌片为长圆形，先端钝，有 3 细齿，舌片上有 4 脉；管状花多数；花药基部有钝耳，颈部伸长；花柱分枝长 1.8 毫米，顶端为截形，有乳头状毛。圆柱形瘦果上有柔毛；冠毛白色，长 7.5 毫米。

⊙ 形态特征

茎长 2~5 米，多分枝，上有柔毛或无毛。

叶卵状披针形至长三角形，有细裂或羽状浅裂。

花有 8~10 瓣的黄色舌状花和多数管状花。

五感之尝一尝

全草味苦

千里光全株味苦、性凉，作药用时有清热解毒、凉血消肿和清肝明目的功效，但其有小毒，慎用。

科属：仙人掌科，仙人掌属	别名：仙巴掌、霸王树、火焰、火掌
花期：6~12月	分布：美国、澳大利亚、中国等

仙人掌

◉ 植株密生短绵毛和倒刺刚毛

仙人掌为丛生肉质灌木植物。上部分枝为宽倒卵形、倒卵状椭圆形或近圆形，先端圆形，边缘通常为不规则波状，基部楔形或渐狭，无毛；小窠疏生，明显突出，成长后刺常增粗增多，每小窠有1~20根刺，密生短绵毛和倒刺刚毛；黄色刺上有粗钻形的淡褐色横纹，多少开展并内弯，基部扁，坚硬；暗褐色直立的倒刺刚毛和灰色的短绵毛均宿存。绿色的钻形叶早落。花辐状；倒卵形的绿色花托，为截形并凹陷；瓣状花被片为倒卵形或匙状倒卵形，先端圆形、截形或微凹，边缘全缘或浅啮蚀状；淡黄色的花丝和花柱，柱头黄白色；花药黄色。紫红色的倒卵球形浆果，顶端凹陷，基部多少狭缩成柄状，表面平滑无毛。种子多数扁圆形，边缘稍不规则，无毛，淡黄褐色。

◉ 形态特征

枝为宽倒卵形、倒卵状椭圆形，有小窠和倒刺。

花辐状，花瓣为黄色的倒卵形或匙状倒卵形。

果为倒卵球形，紫红色，表面无毛，顶端凹陷。

五感之尝一尝

味酸而涩

仙人掌的全株可入药，食之有酸涩味，但其有行气活血和清热解毒的功效，外用时多将外皮捣烂敷用。

科属：樟科，月桂属	别名：月桂树、桂冠树、甜月桂、月桂冠
花期：3~5 月	分布：原产地中海一带，中国浙江、江苏、福建有引种

月桂

⊙ 花被裂片两面有贴生柔毛

月桂为常绿小乔木或灌木植物。黑褐色树皮，圆柱形小枝上有纵向细条纹，幼嫩部分上有微柔毛或近无毛。长圆形或长圆状披针形的革质叶互生，先端锐尖或渐尖，基部楔形，边缘细波状，叶面无毛，上有羽状脉。花为雌雄异株，伞形花序腋生，1~3 个成簇状或短总状排列；近圆形的总苞片外面无毛，内面有绢毛。雄花：每一伞形花序有黄绿色小花 5 朵，上有稀疏柔毛，花被筒较短，外面密被柔毛，宽倒卵圆形或近圆形的花被裂片有 4 片，两面被贴生柔毛；能育雄蕊通常12 枚，排成 3 轮，花药椭圆形。雌花：通常有退化雄蕊 4 枚，与花被片互生，花丝顶端有成对无柄的腺体，其间延伸有一披针形舌状体；花柱短，柱头为钝三棱形。卵珠形果在熟时为暗紫色。

⊙ 形态特征

叶为革质，上有羽状叶脉。

花黄绿色，上有稀疏柔毛。

果为卵珠形，光滑无毛。

五感之闻一闻

香气浓郁的叶子

月桂四季常青，树姿优美，叶子香气浓郁，可以很好地去除肉腥味，是法式料理的基本香料之一，也会被用来制作牛奶布丁或者甜蛋黄奶油。

天仙子

⊙ 药用价值

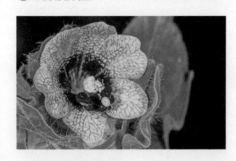

⊙ 黄绿色花冠上有紫色脉纹

天仙子为一年或二年生草本植物，高30~70厘米，整个植株上有黏性腺毛和柔毛。根粗壮，肉质而后变纤维质。丛生的大形基生叶呈莲座状，为卵状披针形或长矩圆形，顶端锐尖，边缘有粗牙齿或羽状浅裂；茎生叶互生，为卵形或三角状卵形，顶端钝或渐尖，无叶柄，基部半抱茎或呈宽楔形，边缘为羽状浅裂或深裂，向茎顶端的叶呈浅波状，裂片多为三角形，顶端钝或锐尖，两面除生黏性腺毛外，沿叶脉还生有柔毛，近花序的叶常为交叉互生，呈2列状。花单生在叶腋，常在茎端密集；管状钟形花萼上生细腺毛和长柔毛；黄绿色的漏斗状花冠上有紫色脉纹；雄蕊5枚，不等长，深紫色花药。卵球形蒴果盖裂，藏在宿萼内。淡黄棕色的种子为近圆盘形。花期6~7月，果期8~9月。

天仙子在藏语中被称为"莨菪泽"。药用有解痉、止痛、安神和杀虫的作用。藏医多用其来治疗鼻疳、梅毒、头神经麻痹和虫牙等症。药理实验证明，天仙子有扩大瞳孔、解除迷走神经对心脏的抑制而使心率加速的作用，因此心脏病、心动过速、青光眼患者及孕妇忌服。有毒，内服宜慎。

五感之看一看

黄色花冠上有紫堇色脉纹

天仙子开淡黄棕色的钟状花朵，比其他花朵独特的地方是它的花朵上有紫堇色的脉纹，使得它在众多的黄色花朵中独树一帜。

科属：大戟科，大戟属　　别名：格枝糯、乌吐、五虎下西山
花期：4~6月　　　　　分布：中国云南等地

⊙ 茎上部有紫红晕

大狼毒

大狼毒为多年生草本植物。全株有白色
乳汁。根为圆锥状或圆柱状，外皮为淡褐色，
没有或有少数侧根。圆柱形的茎簇生或单一，
绿白色、红色或下部绿白而上部有紫红晕，
不分枝或上部有分枝。无柄的单叶互生，叶
片为椭圆状披针形、椭圆状长圆形、披针形
至长卵形，先端短尖而钝，基部楔形，全缘。
花浅黄色，花序顶生或近顶腋生；顶生花序
有 5~9 枚花梗排列成伞形，基部有 5~9 枚
叶状苞片，呈 2 轮；腋生花梗单一，花梗顶
端着生一杯状花序或再作 2~4 个伞状分枝；
淡绿黄色的总苞有纵棱，先端 5 裂，倒卵形
的裂片先端微凹或全缘；外侧有长圆形腺体
4~5 枚，呈橘红色或杏黄色，内面有白丝毛。
三棱状球形的蒴果上有小疣状突起和红色刺
毛。种子为卵形，赭红色。

⊙ 药用价值

大狼毒有化淤止血和杀虫止痒的功效，
可用于治疗创伤出血和跌打肿痛等症。在使
用时，取适量大狼毒，研末撒或煎水洗。在
采挖大狼毒时要避免其汁液沾染皮肤，否则
易发生过敏反应，主要表现为面部浮肿。大
狼毒有毒，不可内服。

五感之看一看

叶色由绿至黄至红

大狼毒引人注目的不是它的淡黄色花朵，而是它的叶子颜
色，从夏至秋，叶色会由绿至黄至红。

科属：玄参科，柳穿鱼属　　别名：小金鱼草
花期：6~9月　　　　　　　　分布：欧亚大陆北部温带地区

柳穿鱼

◉ 二唇形黄色花冠

　　柳穿鱼为多年生草本植物，植株高20~80厘米，茎叶无毛。茎直立，常在上部有分枝。叶通常多数而互生，少有下部轮生，上部互生，更少全部叶都成4枚轮生的，叶为条形，常单脉，少3脉，长2~6厘米，宽2~10毫米。总状花序，花期短而花密集，果期伸长而果疏离，花序轴和花梗都无毛或有少数短腺毛；苞片呈条形至狭披针形，超过花梗；花梗长2~8毫米；花萼裂片为披针形，长约4毫米，宽1~1.5毫米，外面无毛，内面多少有腺毛；黄色花冠，上唇比下唇长，裂片为卵形，宽2毫米，下唇侧裂片为卵圆形，宽3~4毫米，中裂片舌状，距稍弯曲，宽10~15毫米。卵球状蒴果，长约8毫米。盘状种子边缘有宽翅，成熟时中央常有瘤状突起。

◉ 药用价值

　　柳穿鱼全株可药用，有清热解毒、散淤消肿和利尿等功效。可用于辅助治疗黄疸、头痛、头晕、痔疮便秘、皮肤病和烫伤等症。常用煎水内服或外用研末调敷或熏洗。在夏季开花时采收全草，晒干并进行加工。以全草干燥、色青、带花者为佳。

五感之看一看

叶似柳，花似鱼

　　柳穿鱼因其枝柔叶细似柳，而花似鱼而得名。它的花冠呈假面状，花色丰富，为嫩黄、粉红诸色，十分美观。

| 科属: 瑞香科，结香属 | 别名: 打结花、打结树、黄瑞香 |
| 花期: 冬末春初 | 分布: 中国河南、陕西和长江流域以南各省区 |

结香

⊙ 膜质浅杯状的花盘

结香为灌木植物，高 0.7~1.5 米。褐色的粗壮小枝常为三叉分枝，幼枝常被短柔毛，韧皮极坚韧，叶痕大，直径约 5 毫米。叶在花前凋落，为长圆形、披针形至倒披针形，先端短尖，基部楔形或渐狭，叶两面均有银灰色绢状毛，且下叶面较多，侧脉为纤细的弧形，上有柔毛。头状花序顶生或侧生，有花 30~50 朵，成绒球状，外围以 10 枚左右被长毛而早落的总苞；花序梗上有灰白色长硬毛；花芳香，无梗，花萼外面密被白色丝状毛，内面无毛，黄色，顶端 4 裂，裂片为卵形；花丝短，花药近卵形。子房卵形，顶端有丝状毛，线形花柱无毛，柱头棒状，有乳突，膜质浅杯状的花盘边缘不整齐。果为绿色，椭圆形，顶端有毛。花期为冬末春初，果期为春夏间。

⊙ 多用途的结香

结香的茎皮纤维是做高级纸和人造棉的原料。全株入药有舒筋活络和消炎止痛的功效，可用于辅助治疗跌打损伤和风湿痛；也可用作兽药，治牛跌打损伤。它的花有祛风明目的功效，可用于辅助治疗目赤疼痛和夜盲症等症。

五感之看一看

诱人的黄色花朵

结香开黄色的花朵，花顶端 4 裂，裂片为卵形，花萼上无毛，一簇簇的黄色花朵在冬末春初开得十分诱人。

迎春花

⊙ 花单生在去年生小枝的叶腋上

迎春花为落叶灌木植物。光滑无毛的枝条下垂，稍扭曲，小枝呈四棱形，棱上有狭翼。三出复叶对生；叶轴有狭翼，叶柄长 3~10 毫米，无毛；叶片幼时两面稍被毛，老时仅叶缘有睫毛；小叶片为卵形、长卵形或椭圆形、狭椭圆形，少有倒卵形，先端锐尖或钝，有短尖头，基部楔形，叶缘反卷，中脉在上叶面微凹入，下叶面凸起，侧脉不明显；顶生小叶叶片较大，无柄或基部延伸成短柄，侧生小叶无柄；单叶为卵形或椭圆形，有时近圆形。花单生在去年生小枝的叶腋上，稀生在小枝顶端；披针形、卵形或椭圆形的小叶状苞片；花梗长 2~3 毫米；窄披针形的绿色花萼，裂片 5~6 枚，先端锐尖；黄色花冠，花冠管长 0.8~2 厘米，基部直径 1.5~2 毫米，向上渐扩大。

⊙ 药用价值

迎春花的叶有活血解毒和消肿止痛的功效，可用于辅助治疗肿毒恶疮、跌打损伤和创伤出血等症。它的花味苦，药用时有发汗和解热利尿的功效，可用于辅助治疗发热头痛和小便涩痛等症。总之，迎春花是良好的药用植物。

五感之看一看

小巧花朵

迎春花开花在冬末至早春时节，先花后叶，花色金黄，叶丛翠绿，是理想的早春观花植物。

科属：菊科，黄鹌菜属	别名：毛连连、野芥菜
花期：4~10月	分布：中国江苏、安徽、湖北、广东、四川、云南等地

黄鹌菜

⊙ 纺锤形果为褐色或红褐色

　　黄鹌菜为一年生草本植物。根垂直直伸，有多数须根。直立茎单生或少数簇生，粗壮或细，顶端呈伞房花序状分枝或下部有长分枝。基生叶全形倒披针形、椭圆形、长椭圆形或宽线形，大头羽状深裂或全裂，极少有不裂的，边缘有锯齿或几全缘；全部叶及叶柄上有皱波状长或短柔毛。头花序有舌状小花 10~20 枚，在茎枝顶端排成伞房花序，花序梗细；圆柱状总苞；总苞片 4 层，外层和最外层极短，宽卵形或宽形，顶端急尖，内层和最内层为披针形，顶端急尖，边缘白色宽膜质，内面有贴伏的短糙毛；全部总苞片外面无毛。舌状小花黄色，花冠管外面有短柔毛。纺锤形瘦果为褐色或红褐色，压扁，向顶端有收缢，顶端无喙，有 11~13 条粗细不等的纵肋，肋上有小刺毛。

⊙ 药用价值

　　黄鹌菜有很高的药用价值，有清热解毒和通气滞、利咽喉的功效。将鲜黄鹌菜洗净，捣汁，加醋适量含漱，可用于辅助治疗咽喉炎。需注意，治疗期间忌食油腻食物。另外，将黄鹌菜鲜全草 60 克捣烂绞汁冲蜜糖服，可治疗痢疾。

五感之尝一尝

无公害蔬菜

　　黄鹌菜是难得的一级无公害蔬菜。除去苦味后，可炒、煮或油炸后食用，或用沸水烫熟后，切段蘸调味料食用。还可将花蕾连梗采下，腌制成泡菜。

金露梅

◉ 多有 2 对小叶

　　金露梅为灌木植物，多分枝，树皮纵向剥落。红褐色的小枝，幼时上有长柔毛。羽状复叶，有小叶 2 对，少数有 3 小叶，上面 1 对小叶基部下延与叶轴汇合；叶柄上有绢毛或稀疏柔毛；小叶片为长圆形、倒卵长圆形或卵状披针形，全缘，边缘平坦，顶端急尖或圆钝，基部楔形，叶上有稀疏绢毛或柔毛或脱落近于几毛；宽大的薄膜质托叶，外面有长柔毛或脱落。单花或数朵生于枝顶，花梗上有密集长柔毛或绢毛；花萼片为卵圆形，顶端急尖至短渐尖，副萼片为披针形至倒卵状披针形，顶端渐尖至急尖，与萼片近等长，外面有稀疏绢毛；宽倒卵形的黄色花瓣，顶端圆钝，比萼片长；棒形的花柱近基生，基部稍细，顶部缢缩，柱头扩大。褐棕色的近卵形瘦果上有长柔毛。

◉ 花、叶可药用

　　金露梅的花、叶入药时，有健脾、化湿、消暑和调经的功效。中药上，多在夏季花期采摘花序和叶子，阴干备用。蒙药多在夏、秋季采收带花茎枝，阴干，用以辅助治疗消化不良、咳嗽和水肿等症。

五感之看一看

红褐色小枝

　　金露梅的枝叶柔软，小枝为独特的红褐色，所开的黄花鲜艳可爱，适宜作庭园观赏灌木，或作矮篱也很美观。嫩叶还可替代茶叶冲水饮用。

科属：菊科，菊属	别名：油菊、路边黄、山菊花
花期：6~11月	分布：中国、印度、日本、朝鲜、俄罗斯

野菊

⊕ 叶两面同色或几乎同色

野菊为多年生草本植物。有匍匐茎，在地下长或短；地上茎直立或铺散，分枝或仅在茎顶有伞房状花序分枝。茎枝上有稀疏的毛，上部和花序枝上的毛稍多或较多。基生叶和下部叶在花期脱落；中部茎叶呈卵形、长卵形或椭圆状卵形，羽状半裂、浅裂或分裂不明显而边缘有浅锯齿，基部截形或稍心形或宽楔形，叶柄长1~2厘米，柄基无耳或有分裂的叶耳；叶两面同色或几乎同色，淡绿色，有稀疏的短柔毛，或下面的毛稍多。头状花序，多数在茎枝顶端排成疏松的伞房圆锥花序或少数在茎顶排成伞房花序。总苞片约5层，外层为卵形或卵状三角形，中层卵形，内层长椭圆形。全部苞片边缘为白色或褐色宽膜质，顶端钝或圆。黄色的舌状花，顶端全缘或2~3齿。

⊕ 药用价值

野菊的叶、花甚至全草均可入药，有清热解毒、疏风散热、散淤、明目和降血压的功效。对于防治流行性脑脊髓膜炎，预防流行性感冒，治疗高血压、肝炎、痢疾和痈疖疔疮等症都有明显的辅助疗效。此外，野菊花的浸液对杀灭孑孓及蝇蛆也非常有效。

五感之看一看

顽强的野菊

野菊开在寒秋，此时正是"我花开尽百花杀"的萧条季节，因此人们欣赏野菊与风霜作斗争的不屈不挠精神，表现它的顽强生命力和傲霜斗寒精神。

| 科属：景天科，景天属 | 别名：土三七、费菜、旱三七 |
| 花期：6~8 月 | 分布：中国大部分省区、俄罗斯、日本、朝鲜 |

景天三七

☉ 药用价值

☉ 蓇葖果 5 枚呈星芒状

景天三七为多年生肉质草本植物。植株无毛，高可达 80 厘米。粗厚的根状茎近木质化，直立的地上茎不分枝。广卵形至倒披针形的叶互生，或近乎对生，长 5~8 厘米，先端钝或稍尖，边缘有细齿，或近全缘，基部渐狭，光滑或略带乳头状粗糙。伞房状聚伞花序顶生，无柄或近乎无柄；有长短不一的萼片 5 枚，长约为花瓣的 1/2，线形至披针形，先端钝；长圆状披针形的黄色花瓣 5 枚，先端有短尖。蓇葖果 5 枚呈星芒状排列。平滑种子边缘有窄翼，顶端较宽。花期 6~8 月，果期 8~9 月。

景天三七性喜光照、温暖湿润的气候，耐旱、耐严寒，不耐水涝。对土壤的要求不严格，一般土壤均可生长，以沙质土壤和腐殖质土壤生长较好。

景天三七全株药用，有止血、止痛和散淤消肿的功效。鲜品捣烂外敷治疮疖痈肿。南通等地有关医疗科研单位，使用该植物水煎液及注射液来治疗多种内出血疾患，有显著疗效。需注意：部分患者服糖浆剂后上腹不适与注射剂肌肉注射后有局部疼痛。

五感之尝一尝

口感好的保健蔬菜

景天三七是一种口感优良的保健蔬菜，含有丰富的蛋白质、碳水化合物、脂肪、胡萝卜素、各种维生素和有机酸等多种成分。吃起来无苦味，口感好，是家庭餐桌上的一道美味佳肴。

科属：百合科，郁金香属	别名：洋荷花、草麝香、郁香、荷兰花
花期：4~5月	分布：世界各地广泛栽培

郁金香

➲ 花柱 3 裂，反卷

郁金香为多年生草本植物。卵形鳞茎直径约 2 厘米，外层皮为纸质，内面顶端和基部有少数伏毛。有叶 3~5 枚，为长椭圆状披针形或卵状披针形；较宽大基生叶有 2~3 枚，茎生叶有 1~2 枚。花茎高 6~10 厘米，杯状花单生在茎顶，大形而直立，基部常为黑紫色；花葶长 35~55 厘米；直立花单生，长 5~7.5 厘米；倒卵形花瓣 6 枚，鲜黄色或紫红色，上有黄色条纹和斑点：雄蕊 6 枚，离生，花药长 0.7~1.3 厘米，从基部着生，花丝基部宽阔；雌蕊长 1.7~2.5 厘米，花柱 3 裂至基部，反卷。花形有杯形、碗形、卵形、球形、钟形、漏斗形、百合花形等，有单瓣也有重瓣。栽培品种花色多样，有白、粉红、洋红、紫、褐、黄、橙等，深浅不一，单色或复色。

➲ 生长习性

郁金香是典型的长日照花卉，喜向阳、避风、冬季温暖湿润、夏季凉爽干燥的气候。在 8℃以上的环境下可正常生长，耐寒性很强，一般可耐 -14℃的低温，在严寒地区，鳞茎可露地越冬。就土壤而言，喜腐殖质丰富、疏松肥沃和排水良好的微酸性沙质土壤。

五感之看一看

多样花色

郁金香枝株刚劲挺拔，叶色素雅秀丽，花朵端庄秀丽，惹人怜爱。花色多样，有红、黄、紫、粉红等颜色，是荷兰、伊朗、土耳其等国的国花。

顶冰花

⊙ 膜质蒴果

顶冰花为多年生草本植物，植株高10~25厘米。鳞茎卵形，为暗淡的皮灰黄色。基生叶条形。花3~5朵排成伞形花序；花被片6；呈条形或狭披针形，颜色多为黄绿色；总苞片呈披针形，长度与花序相近，宽度在4~6毫米；花瓣颜色为黄色。蒴果膜质，为卵圆形至倒卵形，种子多数，近矩圆形。

顶冰花喜寒冷，常生长在较平缓的干旱沟谷或半阴坡的栗钙土上，是荒漠草原早春的常见的植物群种。

顶冰花全株有毒，以鳞茎毒性最大。误食会出现头痛、头晕、呕吐、无力、烦躁不安等症状，严重者会出现全身抽搐、肢体发冷、呼吸困难等症状。

⊙ 形态特征

伞状花序，花瓣黄色

植株高10~25厘米

基生叶条形，黄绿色

五感之看一看

小巧花朵

顶冰花的花朵多2~5朵成伞形排列，花瓣6片，黄绿色，微风吹来，小巧的花朵在风中摇曳，十分可爱。

科属：豆科，金合欢属	别名：鸭皂树、刺球花、消息树、牛角花
花期：2~3月	分布：浙江、福建、广东、广西、云南和四川等地

金合欢

◉ 枝"之"字形

金合欢为灌木或者小乔木植物，植株高2~4米；树皮灰褐色，粗糙且多分枝，枝上有刺，可长达1~2厘米，小枝通常以"之"字形弯曲生长；二回羽状复叶，有羽片4~8对，每片羽片有小叶10~20对，小叶片为线状长椭圆形；叶腋间簇生有头状花序，总花梗上有柔毛；花为黄色，有浓郁的香气，花瓣呈连合管状；荚果近圆柱状，膨胀；有黑色种子多数。

金合欢喜光，耐干旱、喜欢湿润，不耐寒、不耐水涝。在背风、向阳的环境中可以很好的生长，以湿润、肥沃的酸性土壤为佳。

◉ 形态特征

花黄色，花瓣连合呈管状

二回羽状复叶，小叶线状长圆形

荚果膨胀，近圆柱状，成熟后褐色

五感之看一看

金色绣球般的花朵

金合欢的花语是稍纵即逝的快乐，它的头状花序簇生于叶腋，盛开时，金黄灿烂的花朵好像金色的绒球一般。

南苜蓿

⊙ 危害性杂草

⊙ 盘形荚果呈暗绿褐色

南苜蓿为一年、二年生草本植物，高20~90厘米。近四棱形的茎平卧、上升或直立，基部分枝，无毛或有微毛。羽状三出复叶；卵状长圆形的托叶较大，先端渐尖，基部耳状，边缘有不整齐条裂，呈丝状细条或深齿状缺刻，脉纹明显；叶柄细长柔软，上有浅沟；小叶为几等大的纸质倒卵形或三角状倒卵形，先端钝，近截平或凹缺，有细尖，基部阔楔形，边缘在1/3以上有浅锯齿。头状伞形花序有花1~10朵；总花梗腋生，纤细无毛，通常比叶短；苞片小，尾尖；钟形花萼，萼齿为披针形，与萼筒近等长，无毛或有稀疏短毛；黄色花冠为旗瓣倒卵形，先端凹缺，基部阔楔形；子房长圆形，呈镰状上弯，微被毛。暗绿褐色的盘形荚果。棕褐色平滑的种子呈长肾形。

南苜蓿为一般性杂草，会侵入农田，危害小麦、油菜等夏收作物的生长，但其本身造成的危害性不大。但是由于可以隐藏朝鲜黑龟甲虫、小地老虎、棉实夜蛾、玉米夜蛾和苹果叶螨等害虫，同时又是炭疽病、白粉病和霜霉病的寄主，这些都会给农作物造成间接的危害。

五感之尝一尝

苦而微涩

南苜蓿性平，全草吃起来有苦、微涩的味道，但其有清热利尿的功效，可用来辅助治疗膀胱结石、黄疸和尿路结石等症。

科属：菊科，鬼针草属	别名：鬼叉、鬼针、鬼刺
花期：8~9 月	分布：亚洲、欧洲、非洲北部、大洋洲

狼把草

⊙ 叶柄有狭翅

    狼把草为一年生草本植物。茎直立，高 30~80 厘米，有时可达 90 厘米；由基部分枝，无毛。叶对生，茎顶部的叶较小，有时不分裂，茎中、下部的叶片通常呈羽状分裂或深裂；裂片有 3~5 枚，呈卵状披针形至狭披针形，少有近卵形，基部楔形，稀近圆形，先端尖或渐尖，边缘有稀疏的不整齐大锯齿，顶端裂片通常比下方者大；叶柄有狭翅。头状花序顶生，呈球形或扁球形；总苞片 2 列，内列为干膜质的披针形，与头状花序等长或稍短，外列为披针形或倒披针形，比头状花序长，叶状，长 1~4 厘米，有睫毛；花全为黄色的管状花；柱头 2 裂。瘦果为扁平的倒卵状楔形，边缘有倒刺毛，顶端有芒刺 2 枚，少有 3~4 枚，两侧有倒刺毛。

⊙ 药用价值

    狼把草可用来辅助治疗气管炎、肺结核、咽喉炎、扁桃体炎、痢疾、丹毒和癣疾等病症。全草浸剂给动物进行注射，有镇静、降压和轻度增大心跳振幅的作用；内服时有利尿和发汗的功效。

五感之闻一闻

稍有异味

    狼把草在开花前，枝叶柔嫩多汁，但闻起来稍有异味，因此，此时畜禽多避而不食。

科属：毛茛科，毛茛属　　别名：鸭脚板、野芹菜、山辣椒、毛芹菜

花期：4~8月　　分布：世界各地均有分布

毛茛

◉ 下部叶与基生叶相似

毛茛为多年生草本植物。多数须根簇生。直立的茎中空，有槽，有分枝，上有开展或贴伏的柔毛。基生叶多数；叶片为圆心形或五角形，基部为心形或截形，通常3深裂不达基部，中裂片为倒卵状楔形或宽卵圆形或菱形，3浅裂，边缘有粗齿或缺刻，侧裂片为不等2裂，两面贴生柔毛，下叶面在幼时毛较密；有长叶柄，达15厘米，上有开展柔毛。下部叶与基生叶相似，渐向上叶柄变短，叶片较小，3深裂，裂片为披针形，有尖齿牙或再分裂；最上部叶为线形，全缘，无柄。聚伞花序有疏散的多数花；花梗上贴生柔毛；椭圆形的萼片上生白柔毛；花瓣5瓣，为倒卵状圆形；花托短小，无毛。聚合果近球形。

◉ 药用价值

毛茛药用十分广泛。将鲜毛茛捣烂，团成如黄豆大的丸，缚在臂上，过夜会起疱，用针刺破，放出黄水，这是治黄疸的有效方法。若将毛茛鲜根和食盐少许杵烂，敷在患者的太阳穴处，可用来辅助治疗偏头痛。

五感之尝一尝

辛辣味

毛茛的花朵为淡黄色，花朵十分精致，需要注意的是毛茛与皮肤接触时会引起炎症和水疱，且吃起来有强烈的辛辣味，一般不作内服。

科属：蔷薇科，委陵菜属	别名：莲花菜、人参果
花期：5~7月	分布：中国东北、华北及西南地区

鹅绒委陵菜

⊙ 富含淀粉的肥大根

　　鹅绒委陵菜有肥大的根，富含淀粉。整个植株呈粗网状平铺在地面上。在春季发芽，夏季长出很多紫红色的须茎，纤细的葡匐枝沿地表生长，长可达 97 厘米，节上生不定根、叶与花梗。羽状复叶，有基生叶多数，叶丛呈直立状生长，高达 15~25 厘米，叶柄长 4~6 厘米，小叶无柄，有 15~17 枚，为倒卵形、长圆形，边缘有尖锯齿。鲜黄色的花单生在由叶腋抽出的长花梗上，形成顶生聚伞花序。褐色的椭圆形瘦果，宽约 1 毫米，表面有微毛。

　　鹅绒委陵菜性喜潮湿的环境，喜阳光、耐寒、耐旱、耐半阴、耐瘠薄，不择土壤，可露天栽植，种植在疏林下还可延长其绿期。

⊙ 药用及食用价值

　　鹅绒委陵菜的食用价值很高，食之有健脾益胃、生津止渴、收敛止血和益气补血的功效。人们一般在春夏两季采嫩苗或幼茎、叶，用沸水焯去涩味，然后炒食。还可在秋季或早春挖其根块煮粥，味道香甜可口。此外因根部富有丰富的淀粉，还可用来酿酒。

五感之看一看

宛如鹅绒的叶子

　　鹅绒委陵菜最为奇特的是它的叶子，叶正面为深绿色，叶背面密生白细绵毛，宛若鹅绒，由此而得名。

苦菜

◉ 花冠内有白色长柔毛

苦菜为多年生草本植物。横卧或斜生的根状茎，节处生有许多细根；直立茎为黄绿色至黄棕色，有时带淡紫色。基生叶丛生，为卵形、椭圆形或椭圆状披针形，不分裂或羽状分裂或全裂，顶端钝或尖，基部楔形，边缘有粗锯齿；对生的茎生叶为宽卵形至披针形，常为羽状深裂或全裂，有侧裂片2~5对。聚伞花序组成大型伞房花序，顶生；花序梗上方一侧有开展的白色粗糙毛；线形总苞，很小；苞片小；小花花冠为钟形，黄色，内有白色长柔毛，花冠裂片为卵形，花丝不等长，长圆形花药长约1毫米；椭圆状长圆形的子房，花柱头为盾状或截头状。长圆形瘦果，有3棱，内含1枚椭圆形、扁平状种子。

◉ 药用价值

苦菜不仅有较高的营养价值，而且还可药用。在药用时有清热、凉血、解毒、明目、和胃以及止咳等功效。对于辅助治疗痢疾、黄疸、血淋、痔瘘、蛇咬伤和支气管炎等病症有较好的疗效。

五感之尝一尝

甘中略带苦

苦菜的味道甘中略带苦味，可炒食或凉拌。食之清脆爽口，味道鲜美，是人们喜爱的一种蔬菜。

科属：蜡梅科，蜡梅属	别名：金梅、蜡花、蜡梅花
花期：11月至次年3月	分布：中国、日本、朝鲜

蜡梅

◉ 果托近木质化

　　蜡梅为落叶灌木植物，高达4米。四方形的幼枝，灰褐色近圆柱形的老枝，无毛或有稀疏微毛，有皮孔；鳞芽通常着生在第二年生的枝条叶腋内，近圆形的芽鳞片呈覆瓦状排列，外面有短柔毛。纸质至近革质的叶片呈卵圆形、椭圆形、宽椭圆形至卵状椭圆形，有时为长圆状披针形，顶端急尖至渐尖，有时有尾尖，基部急尖至圆形，除叶背脉上有稀疏微毛外无毛。花着生在第二年生枝条叶腋内，芳香，先花后叶；花被片圆形、长圆形、倒卵形、椭圆形或匙形，内部花被片比外部花被片短，基部有爪；花丝比花药长或等长，花药无毛，向内弯；心皮基部有稀疏硬毛，花柱基部被毛。近木质化的果托呈坛状或倒卵状椭圆形，口部收缩，并具有钻状披针形的被毛附生物。

◉ 药用价值

　　蜡梅的花是制作高级花茶的香花之一。它的根、叶可药用，有理气止痛和散寒解毒的功效，可用于辅助治疗跌打损伤、腰痛、风湿麻木、风寒感冒和刀伤出血等症；花可解暑生津，对治疗心烦口渴和气郁胸闷有良好的功效；花蕾油可治烫伤。种子含有蜡梅碱。

五感之看一看

隆冬绽放

　　蜡梅在百花凋零的隆冬绽蕾，斗寒傲霜，是冬季赏花的理想名贵花木。

科属：芸香科，芸香属	别名：七里香、香草、芸香草、小香茅草
花期：3~6 月和冬季末期	分布：原产地中海沿岸，中国有栽培

芸香

◉ 等长的 8 枚雄蕊在花期挺直

芸香的植株高达 1 米，有浓烈的特殊气味。2~3 回羽状复叶，长 6~12 厘米，末回小羽裂片为短匙形或狭长圆形，长 5~30 毫米，宽 2~5 毫米，灰绿或带蓝绿色。花很少为单性和无花瓣；雄蕊与花萼同数或倍数；花丝很少合生成多束；花盘明显；心皮离生或合生；花直径约 2 厘米；萼片 4 片；金黄色的花瓣 4 瓣；雄蕊 8 枚，花初开放时与花瓣对生的 4 枚贴附在花瓣上，与萼片对生的另 4 枚斜展且外露，较长，花盛开时全部并列一起，挺直且等长；花柱短，子房通常 4 室，每室有胚珠多颗。果长 6~10 毫米，由顶端开裂至中部，果皮上有凸起的油点。肾形种子甚多，长约 1.5 毫米，褐黑色。

◉ 形态特征

叶为 2~3 回羽状复叶。

花瓣 4 瓣，金黄色。

种子肾形，黑褐色。

五感之闻一闻

有杀虫效果的特殊香味

芸香全株有浓烈的特殊香味，该香味有杀虫的效果，可用来驱蝇，是中国古代最常用的一种书籍防虫药草。

Part 5
蓝色系

忠贞不渝的迷迭香，
浓情厚谊的勿忘我，
神秘迷人的薰衣草，
都以纯洁、冷静的蓝色，
为大自然增光添彩。

藿香

⦿ 轮伞花序组成圆筒形穗状花序

藿香为多年生草本植物。四棱形的茎直立，上部有极短的细毛，下部无毛。心状卵形至长圆状披针形的纸质叶，向上渐小，先端尾状长渐尖，基部心形，稀截形，边缘有粗齿，上叶面为橄榄绿色，近无毛，下叶面略淡，上有微柔毛和点状腺体。轮伞花序多花，在主茎或侧枝上组成顶生密集的圆筒形穗状花序；花序基部的苞叶为披针状线形，长渐尖，苞片形状与苞叶相似，花序有短梗，被腺微柔毛；浅紫色或紫红色的花萼为管状倒圆锥形，上有腺微柔毛和黄色小腺体，喉部微斜，萼齿为三角状披针形。淡紫蓝色花冠上有微柔毛；花丝细，扁平无毛；花柱丝状，先端相等的 2 裂；花盘为厚环状。成熟小坚果为褐色的卵状长圆形，腹面有棱，先端有短硬毛。

⦿ 食用价值

藿香的食用价值很高，嫩茎叶可凉拌、炒食或炸食，也可用以做粥。藿香还可作为烹饪佐料或材料，是一种既是食物又是药物的烹饪原料。作药用时，人们在其枝叶茂盛时采割，日晒夜闷，反复至干。药用有芳香化浊、和中止呕和发表解暑的功效。

五感之闻一闻

全株有香气

藿香是一种全株有香气的植物，所以人们常常将藿香和其他有香味的植物进行搭配，种植到盲人服务绿地，提高盲人对植物的认识。

| 科属：桔梗科，桔梗属 | 别名：包袱花、铃铛花、僧帽花 |
| 花期：7~9 月 | 分布：中国、朝鲜半岛、日本和西伯利亚东部 |

桔梗

⊙ 叶脉上有短毛或瘤突状毛

　　桔梗为多年生草本植物。茎高 20~120 厘米，通常无毛，偶有密被短毛，不分枝，极少上部分枝。叶全部轮生、部分轮生至全部互生，无柄或有极短的柄，卵形、卵状椭圆形至披针形叶片，长 2~7 厘米，宽 0.5~3.5 厘米，基部宽楔形至圆钝，急尖，上叶面无毛为绿色，下叶面常无毛而有白粉，有时叶脉上有短毛或瘤突状毛，叶边顶端缘有细锯齿。花单朵顶生，或数朵集成假总状花序，或有花序分枝而集成圆锥花序；花萼钟状，顶端有五裂片，上有白粉，裂片为三角形、狭三角形，有时齿状；大花冠为蓝色、紫色或白色，长 1.5~4.0 厘米。蒴果为球状、球状倒圆锥形、倒卵状，长 1~2.5 厘米，直径约 1 厘米。

⊙ 种植条件

　　桔梗喜阳光和凉爽的气候，较耐寒。多栽培在海拔 1100 米以下、半阴半阳的丘陵地带，在富含磷钾肥的中性夹沙土壤生长较好。种子的寿命一般为 1 年，在低温下贮藏，可以延长种子寿命。在 0~4℃的环境下种子可保存 18 个月，且发芽率比常温贮藏可提高 3.5~4 倍。

五感之看一看

圆柱形或纺锤形根

　　桔梗的根多呈圆柱形或略呈纺锤形。表面为微有光泽的淡黄白色，皱缩，有扭曲的纵沟和横向皮孔纹痕和支根痕。

| 科属：花葱科，花葱属 | 别名：电灯花、灯音花儿 |
| 花期：6月 | 分布：欧洲的温带地区、亚洲、北美洲 |

花葱

⊙ 花丝基部簇生黄白色柔毛

　　花葱为多年生草本植物。有圆柱状的匍匐根，多纤维状须根。茎直立，无毛或有稀疏柔毛。长卵形至披针形的羽状复叶互生，顶端锐尖或渐尖，基部近圆形，全缘，两面有稀疏柔毛或近无毛，没有小叶柄。聚伞圆锥花序顶生或在上部叶腋生，疏生多花；花梗长3~10毫米，花梗、花萼、总梗上都密生短腺毛或疏生长腺毛；花萼为钟状，裂片为长卵形、长圆形或卵状披针形，顶端锐尖或钝头，稀钝圆，与萼筒近等长；钟状花冠为紫蓝色，裂片为倒卵形，顶端圆或偶有渐狭或略尖，边缘有疏或密的缘毛或无缘毛；花药为卵圆形；花丝基部簇生黄白色柔毛；子房球形，柱头稍伸出花冠之外。蒴果卵形。纺锤形的褐色种子，种皮有膨胀性的黏液细胞，干后膜质似种子有翅。

⊙ 形态特征

茎直立，高0.5~1米，无毛或有稀疏柔毛。

叶互生，为长卵形至披针形的羽状复叶。

花冠紫蓝色，钟状，裂片倒卵形。

五感之看一看

淡紫蓝色花

　　花葱有高贵的淡紫蓝色花瓣，每到初夏来临，花葱就迎来了自己的花期，淡紫蓝色的花朵可以给心情烦躁的人们带来心理上的一丝丝清凉。

活血丹

◉ 轮伞花序通常有 2 朵花

　　活血丹为多年生草本植物，匍匐的上升茎逐节生根。四棱形的茎高 10~30 厘米，基部通常呈淡紫红色，几无毛，幼嫩部分有稀疏长柔毛。草质叶为心形或近肾形，先端急尖或为钝三角形，基部心形，边缘有圆齿或粗锯齿状圆齿，上有稀疏粗伏毛或微柔毛。轮伞花序通常有 2 朵花，少数有 4~6 朵花；苞片及小苞片为线形，被缘毛；管状花萼外面有长柔毛，内面多少有微柔毛，边缘有缘毛；花冠为淡蓝、蓝至紫色，下唇有深色斑点，冠筒直立，上部渐膨大成钟形；花药 2 室，略叉开；子房 4 裂，无毛；杯状花盘微斜，前方呈指状膨大；细长花柱上无毛，略伸出，先端近相等 2 裂。成熟小坚果为深褐色，长圆状卵形，顶端圆，基部略呈三棱形，无毛，果脐不明显。

◉ 形态特征

茎高 10~30 厘米，基部通常呈淡紫红色，几无毛。

叶为草质，心形或近肾形，边缘有圆齿或粗锯齿状圆齿。

花冠淡蓝、蓝至紫色，下唇有深色斑点，冠筒直立。

五感之尝一尝

有苦味

　　活血丹有苦味，民间用全草或茎叶入药，可辅助治疗膀胱结石或尿路结石，外敷可治疗跌打损伤、骨折和外伤出血。

雨久花

⊙ 雄蕊6枚，1枚较大

雨久花是一年生直立水生草本植物。有粗壮的根状茎和柔软的须根。茎直立，高30~70厘米，全株光滑无毛，基部有时带紫红色。叶分基生和茎生两种：基生叶为宽卵状心形，长4~10厘米，宽3~8厘米，顶端急尖或渐尖，基部心形，全缘，有多数弧状脉，叶柄有时膨大成囊状；茎生叶叶柄渐短，基部增大成鞘，抱茎。总状花序顶生，有时再聚成圆锥花序；花10余朵，有5~10毫米长的花梗；椭圆形花被片为蓝色，长10~14毫米，顶端圆钝；雄蕊6枚，其中1枚较大，其余较小；长圆形花瓣为浅蓝色；花药黄色；花丝丝状。长卵圆形蒴果，长10~12毫米。种子长圆形，长约1.5毫米，有纵棱。花期7~8月，果期9~10月。

⊙ 多用途的雨久花

雨久花生命力强，耐寒，多生在沼泽地、水沟和池塘的边缘。在夏季采摘地上全草，晒干入药，有清热、祛湿、定喘和解毒的功效。可用于辅助治疗高热咳喘和小儿丹毒。鲜品中含蛋白质、脂肪、膳食纤维、钙、磷和多种维生素，可以作为家畜和家禽的饲料。

五感之看一看

蓝鸟花

雨久花花大，呈美丽的淡蓝色，像只飞舞的蓝鸟，所以又被称为蓝鸟花。叶色翠绿、有光泽，是一种美丽的水生花卉。

科属：唇形科，迷迭香属	别名：海洋之露、艾菊	
花期：11 月	分布：原产欧洲及地中海沿岸，中国南方大部分地区有栽培	

迷迭香

⊙ 卵状钟形花萼二唇形

　　迷迭香是灌木植物，高达 2 米。有圆柱形的茎和老枝，暗灰色的皮层呈不规则的纵裂和块状剥落，四棱形幼枝上密被白色星状细绒毛。叶常在枝上丛生，有极短的柄或无柄，革质叶片为线形，长 1~2.5 厘米，宽 1~2 毫米，先端钝，基部渐狭，全缘，向背面卷曲，上面稍有光泽，近无毛，下面密被白色的星状绒毛。对生花近无梗，少数聚集在短枝的顶端组成总状花序；有带柄的小苞片；卵状钟形花萼外面密被白色星状绒毛和腺体，内面无毛，11 脉，二唇形，上唇近圆形，全缘或有很短的 3 齿，下唇 2 齿，齿为卵圆状三角形。花冠蓝紫色，长不及 1 厘米，外有稀疏短柔毛，内面无毛；花柱细长；花盘平顶，有相等的裂片；子房裂片与花盘裂片互生。

Part 5 蓝色系

⊙ 药用价值

　　将迷迭香捣碎，用开水浸泡后饮用，1 天 2~3 次，有镇静和利尿的作用。也可用于辅助治疗失眠、心悸、头痛和消化不良等多种疾病。还可改善语言、视觉和听力方面的障碍，增强注意力，辅助治疗风湿痛，强化肝脏功能，降低血糖等。

五感之闻一闻

天然香料植物

　　迷迭香是一种天然的名贵香料植物，在生长季节就能散发出清香气味，它的茎、叶和花都有怡人的香味，花和嫩枝可提取芳香油。

科属：龙胆科，龙胆属　　别名：大叶龙胆、大叶秦艽、西秦艽

花期：7~10月　　　　　　分布：蒙古、俄罗斯、中国

秦艽

◉ 生长习性

◉ 花萼筒一侧开裂呈佛焰苞状

秦艽为多年生草本植物。多条须根扭结或粘结成一个圆柱形的根。近圆形枝少数丛生，直立或斜升，黄绿色或有时上部带紫红色。莲座丛叶为卵状椭圆形或狭椭圆形，先端钝或急尖，基部渐狭，边缘平滑；茎生叶为椭圆状披针形或狭椭圆形，先端钝或急尖，基部钝，边缘平滑。无梗花多数，簇生枝顶呈头状或腋生作轮状；膜质花萼筒为黄绿色或有时带紫色，一侧开裂呈佛焰苞状，先端截形或圆形，锥形小萼齿有 4~5 个；花冠筒部为黄绿色，壶形冠檐为蓝色或蓝紫色；花丝线状；子房呈椭圆状披针形或狭椭圆形，先端渐狭；花柱线形，柱头 2 裂，裂片为矩圆形。卵状椭圆形蒴果内藏或先端外露。矩圆形的红褐色种子有光泽，表面有细网纹。

秦艽多生长在湿润、凉爽的气候区，怕积水，忌强光。多生长在河滩、水沟边、山坡草地、草甸、林下及林缘等海拔 400~2400 米的地区；以土层深厚、肥沃的土壤或沙质土壤最好，在积水涝洼盐碱地不宜栽培。

五感之尝一尝

味苦、微涩的药用根

秦艽的根一般作为药材使用。表面呈黄棕色或灰黄色，质硬而脆，很容易折断，折断后断面略显油性。闻着有特殊的气味，食之味苦、微涩。

| 科属: 毛茛科，乌头属 | 别名: 草乌、附子花、金鸦 |
| 花期: 9~10月 | 分布: 中国和越南北部 |

乌头

◉ 植株上有反曲短柔毛

　　乌头的块根为倒圆锥形。茎中部之上有稀疏的反曲短柔毛，等距离生叶，分枝。茎下部叶在开花时枯萎；茎中部叶有长柄；薄革质或纸质叶片为五角形，基部浅心形三裂达或近基部，中央全裂片为宽菱形，有时为倒卵状菱形或菱形，急尖，有时短渐尖，近羽状分裂，二回裂片约2对，斜三角形，生1~3枚牙齿，间或全缘，侧全裂片不等二深裂，表面有稀疏短伏毛，背面通常只沿叶脉有稀疏短柔毛；叶柄上有稀疏短柔毛。顶生总状花序；花序轴和花梗密被反曲而紧贴的短柔毛；小苞片生花梗中部或下部；蓝紫色萼片外有短柔毛；花瓣无毛；花丝有2小齿或全缘；心皮3~5个，子房上有短柔毛，稀无毛。三棱形种子只在两面密生横膜翅。花期9~10月，果期10~11月。

◉ 生长环境

　　乌头喜温暖湿润的气候，土壤以地表疏松、排水良好、中等肥力者最好。乌头一般采用块根繁殖，适应性强，忌连作。在12月上中旬，表土10厘米、地温10℃以上时栽种，7天后可长出新须根。一般冬至前20天栽种的乌头先发根后出苗，产量较高。

五感之看一看

蓝紫色无毛花瓣

　　乌头开蓝紫色的花朵，生在茎顶，无毛，一簇簇的花朵就像是晶莹的蓝宝石，玲珑剔透，可爱非凡。

科属：菊科，蓝刺头属　　别名：蓝星球

花期：8~9月　　分布：中国、俄罗斯、欧洲中部和南部

蓝刺头

⊙ 苞片密被短糙毛

蓝刺头为多年生草本植物。茎单生，上部有粗壮的分枝，全部茎枝上有稠密的多细胞长节毛和稀疏的蛛丝状薄毛。基部和下部茎叶为宽披针形，羽状半裂，三角形或披针形的侧裂片 3~5 对，边缘有刺齿，顶端针刺状渐尖，向上叶渐小，与基生叶和下部茎叶同形并等样分裂。纸质叶片，上叶面为绿色，上有稠密短糙毛，下叶面为灰白色，上有薄蛛丝状绵毛，沿中脉有很多细胞长节毛。复头状花序单生茎枝顶端；褐色长倒披针形的外层苞片上有稍稠密的短糙毛和腺点，顶端针芒状长渐尖；中层苞片倒披针形或长椭圆形，边缘有长缘毛；内层苞片为披针形，外面有稠密的短糙毛。淡蓝色或白色小花，花冠 5 深裂，裂片为线形。倒圆锥状的瘦果上有稠密顺向贴伏的长直毛。

⊙ 药用价值

蓝刺头的适应力强，喜凉爽气候，耐干旱、瘠薄，耐寒，忌炎热、湿涝，适合在排水良好的沙质土壤中种植，可粗放管理，是一种良好的夏花型宿根花卉。且本草能通乳汁，与通草、王不留行等配伍，对乳汁不下有良好的疗效。

五感之看一看

奇特花形

蓝刺头的株形优美，花梗从叶丛中抽出，分枝较多，花形奇特，花色艳丽，单株种植在草坪绿地、道路拐角等处颇引人注目。

科属：风信子科，风信子属	别名：洋水仙、西洋水仙、五色水仙
花期：3~4 月	分布：原产欧洲南部，现世界各地均有栽培

风信子

⦿ 花瓣向外侧下方反卷

　　风信子为多年草本生球根类植物。鳞茎球形或扁球形，有膜质外皮，皮膜颜色与花色有关。有肉质的肥厚狭披针形叶子，通常为 4~9 枚，基生，叶上有绿色的浅纵沟，有光泽。花茎肉质，总状花序，小花 10~20 朵密生，花呈漏斗形，花被筒形，花瓣 5 瓣，向外侧下方反卷，有芳香。根据其花色的不同，大致可分为 8 个品系，分别为蓝色、粉红色、白色、鹅黄色、紫色、黄色、绯红色、红色。风信子的原种为浅紫色。花期在早春，自然花期为 3~4 月。

　　风信子性喜阳，喜冬季温暖湿润、夏季凉爽稍干燥、阳光充足或半阴的环境。对土壤也有一定的要求，喜疏松、肥沃、排水良好而又不太干燥、有机质含量高、中性至微碱性的沙质土壤，忌积水。

⦿ 可盆栽和地植

　　风信子地植、盆栽均可。在选择种球时，要注意选择表皮无损伤、肉质鳞片较坚硬而沉重、饱满的种球。一般情况下，可以通过种皮的颜色判断所开花的颜色，比如外皮为紫红色的就会开紫红色的花，杂交品种除外。

五感之闻一闻

芳香浓郁的花朵

　　风信子的花花朵较大，芳香浓郁，是研究发现的会开花的植物中最香的一种。

| 科属：唇形科，薰衣草属 | 别名：香水植物、灵香草、香草 |
| 花期：6~8 月 | 分布：地中海沿岸、大洋洲列岛、中国新疆 |

薰衣草

⟩ 花冠有 13 条脉纹

薰衣草是半灌木或矮灌木。多分枝，上有星状绒毛。有线形或披针状线形的叶子，在花枝上的叶较大而疏离，被灰色星状绒毛，干时为灰白色或橄榄绿，在更新枝上为小叶簇生。轮伞花序通常有花 6~10 朵，在枝顶聚集成间断或近连续的穗状花序，花序梗上有密集星状绒毛；菱状卵圆形的苞片先端渐尖成钻状，有 5~7 脉，上有星状绒毛，小苞片不明显；蓝色花有短梗，上有密集灰色、分枝或不分枝绒毛；花冠有 13 条脉纹；花萼为卵状管形或近管形，内面近无毛；花丝扁平，无毛；花药和花柱均被毛，花柱在先端压扁，呈卵圆形；花盘 4 浅裂，裂片与子房裂片对生。椭圆形的光滑小坚果有光泽，有一基部着生面。

⟩ 生长环境

薰衣草的适应性很强，成年的植株既耐高温，又耐低温。薰衣草性喜干燥，需水不多，一年中理想的雨量是春季充沛、夏季适量、冬季有充足的雪。就土壤而言，因其根系发达，故以土层深厚、疏松、透气良好而富含硅钙质的肥沃土壤为最佳。

五感之闻一闻

略带甜味的清淡香气

薰衣草的花朵优美典雅，蓝紫色花序颀长秀丽，全株略带有淡淡的清甜香气，是集绿化、美化、彩化、香化于一体的多功能植物。

科属：雨久花科，雨久花属　别名：薢草、薢荣、接水葱
花期：8~9月　分布：中国大部分地区

鸭舌草

⊙ 花序在花期直立，果期下弯

　　鸭舌草为一年生水生草本植物。有极短的根状茎和柔软须根。茎直立或斜上，高6~35厘米。全株光滑无毛，叶基生或茎生，叶片的形状和大小变化较大，由心状宽卵形、长卵形至披针形，长2~7厘米，宽0.8~5厘米，顶端短突尖或渐尖，基部圆形或浅心形，全缘，有弧状脉；叶柄长10~20厘米，基部扩大成开裂的鞘，鞘长2~4厘米，顶端有舌状体，长0.7~1厘米。总状花序从叶柄中部抽出，该处叶柄扩大成鞘状。花序梗短，长1~1.5厘米，基部有一披针形苞片；花序在花期直立，在果期下弯，通常有蓝色花3~5朵，或有1~3朵。花被片为卵状披针形或长圆形；花药长圆形；花丝丝状。蒴果卵形至长圆形。椭圆形的种子多数，长约1毫米，灰褐色，有8~12条纵条纹。

⊙ 药用价值

　　鸭舌草多生长在潮湿地区或水稻田中。在夏秋采收，晒干备用，性凉味苦，有清热、凉血和利尿的功能，可用于治疗感冒高热、肺热咳喘和百日咳等症。若将全草捣敷鲜用，可治蛇咬伤、虫咬伤。

五感之看一看

浮在水面的花朵

　　鸭舌草为水生草本植物，在陆地上也能生长，适应性很强，繁殖快。花开季节，水面上大片的蓝色花朵蔚为壮观。

科属：玄参科，婆婆纳属 别名：脾寒草、玄桃
花期：4~5 月 分布：北温带地区

直立婆婆纳

➥ 花上有多细胞白色腺毛

　　直立婆婆纳为小草本植物。茎直立或上升，不分枝或铺散分枝，高 5~30 厘米，有 2 列多细胞白色长柔毛。卵形至卵圆形叶常有 3~5 对，下部的有短柄，中上部的无柄，长 5~15 毫米，宽 4~10 毫米，有 3~5 脉，边缘有圆或钝齿，两面有硬毛。总状花序长而多花，长可达 20 厘米，各部分都有多细胞白色腺毛；苞片下部的为长卵形有稀疏圆齿，上部的为长椭圆形而全缘；花梗极短；花萼长 3~4 毫米，裂片为条状椭圆形；蓝紫色或蓝色花冠长约 2 毫米，裂片为圆形至长矩圆形；雄蕊比花冠短。倒心形蒴果强烈侧扁，长 2.5~3.5 毫米，宽略过之，边缘有腺毛，凹口很深，几乎为果的一半长，裂片圆钝，宿存的花柱不伸出凹口。矩圆形种子长近 1 毫米。

➥ 形态特征

茎直立或上升，高 5~30 厘米。

叶卵形至卵圆形，边缘有圆或钝齿。

花有短花梗，花冠为蓝紫色或蓝色。

五感之看一看

花藏叶间

　　直立婆婆纳是北温带地区常见的杂草，并且因为其适应性强，故多成片出现，蓝紫色的花朵藏在枝叶中间，俏皮可爱。

◉ 淡蓝色花萼形如花瓣

黑种草

黑种草为一年生草本植物，高 35~60 厘米。茎上有稀疏的短毛，中上部多分枝。叶为一回或二回羽状深裂，裂片细，茎下部的叶有柄，长 2~3 毫米，上部叶无柄。花单生枝顶，有形如花瓣的淡蓝色花萼 5 枚，长 8~12 毫米，椭圆状卵形，基部逐渐变窄成爪；二唇形，上唇比下唇短小，其先端逐渐窄成线形，下唇 2 深裂，中部变宽，先端和中部有瘤状突起；雄蕊多数，在花药处钝或微渐尖；心皮通常 5 个，在基部合生成一复子房。蓇葖果膨胀，基部合生达中部而形成蒴果，长 1.5~2 厘米，顶端开裂，先端喙长 8~10 毫米。扁三棱形的黑色种子多数，表面粗糙或有小点。花期 6~7 月，果期 8 月。

◉ 形态特征

叶为一回或二回羽状深裂，裂片细。

花萼 5 枚，淡蓝色，形如花瓣。

种子为黑色的扁三棱形，多数。

五感之闻一闻

黑色种子有香味

在黑种草成熟后收割全草，阴干，打下种子，捧在手里可闻到类似肉豆蔻和胡椒的香味，沁人心脾。

勿忘我

⊙ 匙形无柄茎生叶半抱茎

勿忘我为多年生草本植物，高 30~60 厘米。全株光滑无毛，茎不分枝。叶大部分基生，平铺地面；有短柄，柄有翅；倒卵状匙形叶片的先端为圆形、基部渐狭成短柄，边缘有微波状齿，下面羽状叶脉明显；无柄匙形的茎生叶对生，有 2~3 对，先端钝，基部圆，半抱茎，边缘有波状齿。轮生聚伞花序，每轮有花 5~8 朵，每花下有 2 枚线状披针形的小苞片；花梗长 8~10 毫米；萼筒短，花萼 4 深裂至基部，裂片为线状披针形；花冠钟形，半裂，淡绿色；淡蓝色花瓣，多为 5 瓣，无毛；子房不完全 2 室，无柄；花柱短，腺体轮状着生在子房基部。蒴果无柄，上半部扭曲，有宿存的喙状花柱。有多数深褐色的种子，表面有纵脊状突起。

⊙ 形态特征

全株光滑无毛，高 30~60 厘米。

叶为倒卵状匙形，边缘有微波状齿。

花瓣淡蓝色，多为 5 瓣，无毛。

五感之看一看

花中情种

每逢 6~9 月，勿忘我就会绽放出淡蓝色的小巧花朵。淡蓝的花朵中央有黄色的花蕊，看起来十分和谐。

Part 6
粉色系

代表吉祥美满的合欢，
代表春天与爱情的桃花，
花荣秀美的月季花，
洁净、纯真的睡莲，
都以粉色来彰显自己的美丽。

科属： 豆科，合欢属　　　**别名：** 夜合欢、夜合树、绒花树
花期： 6~7月　　　　　　**分布：** 中国东北、华南、西南，非洲、中亚、东亚、北美

合欢

⊙ 花冠裂片为三角形

合欢为落叶乔木，高可达16米，树冠开展。小枝有棱角，嫩枝、花序和叶轴上均有绒毛或短柔毛。早落的托叶为线状披针形，比小叶要小。二回羽状复叶，总叶柄近基部和最上方1对羽片着生处各有1枚腺体；羽片4~12对，栽培的合欢品种有时可多达20对；线形至长圆形的小叶10~30对，长6~12毫米，宽1~4毫米，向上偏斜，先端有小尖头，有缘毛，有时在下面或仅中脉上有短柔毛；中脉紧靠上边缘。头状花序在枝顶排成圆锥花序；红色花粉；管状花萼长3毫米；花冠长8毫米，三角形裂片长1.5毫米，花萼、花冠外均有短柔毛；花丝长2.5厘米。带状荚果，长9~15厘米，宽1.5~2.5厘米，嫩荚有柔毛，老荚无毛。花期6~7月，果期8~10月。

⊙ 形态特征

叶为二回羽状复叶，
线形至长圆形。

花为头状花序在枝
顶排成圆锥花序。

荚果带状，黑褐色，
内含种子多粒。

> **五感之看一看**
>
>
>
> ### 雅致树形
>
> 合欢的树形优美、雅致，树冠开阔，昼开夜合，十分清奇，入夏绿荫清幽，粉红色绒花吐艳，有色有香，给人轻柔舒畅的感觉。

| 科属: 夹竹桃科, 夹竹桃属 | 别名: 柳叶桃、绮丽、半年红、甲子桃 |
| 花期: 6~10月 | 分布: 中国、伊朗、印度、尼泊尔 |

➲ 花冠分单瓣和重瓣

夹竹桃

　　夹竹桃为常绿直立大灌木植物。叶 3~4 枚轮生，下部叶为窄披针形，对生，顶端极尖，基部楔形，叶缘反卷。聚伞花序顶生，着花数朵，花芳香；披针形苞片；披针形红色的花萼 5 深裂；花冠深红色或粉红色，花冠为单瓣，成 5 裂时，呈漏斗状，圆筒形花冠筒上部扩大呈钟形，内面有长柔毛，花冠喉部有 5 片宽鳞片状副花冠，每片的顶端撕裂，并伸出花冠喉部之外，花冠裂片为倒卵形，顶端圆形；花冠为重瓣成 15~18 枚时，3 轮裂片，内轮为漏斗状，外面 2 轮为辐状，分裂至基部或每 2~3 片基部连合；花丝短，上有长柔毛；花药箭头状；花柱丝状，柱头近球圆形，顶端凸尖。长圆形果，两端较窄，绿色，无毛，有细纵条纹。褐色种子长圆形，顶端钝。

➲ 形态特征

叶脉扁平、纤细、密生而平行，直达叶缘。

聚伞花序顶生，上有芳香花数朵。

花冠分为单瓣和重瓣，花冠裂片倒卵形。

五感之看一看

美丽而危险的夹竹桃

　　夹竹桃的叶片如柳似竹，花聚集在枝条顶端，好似一把张开的伞，粉红至深红或白色的花瓣相互重叠，有特殊香气。需注意夹竹桃叶片有毒。

月季

⊙ 先端有凹缺的倒卵形花瓣

月季为直立灌木植物。有粗壮的圆柱形小枝，近无毛，上有短粗的钩状皮刺。小叶 3~5 枚，少数 7 枚，小叶片为宽卵形至卵状长圆形，长 2.5~6 厘米，宽 1~3 厘米，先端长渐尖或渐尖，基部近圆形或宽楔形，边缘有锐锯齿；顶生小叶片有柄，侧生小叶片近无柄，总叶柄较长，上有散生皮刺和腺毛；托叶大部在叶柄贴生，仅顶端分离部分呈耳状，边缘常有腺毛。花几朵集生，稀单生，直径 4~5 厘米；花梗长 2.5~6 厘米，近无毛或有腺毛，卵形萼片先端尾状渐尖，边缘常有羽状裂片，稀全缘，外面无毛，内面密被长柔毛；倒卵形花瓣先端有凹缺，基部楔形，重瓣至半重瓣，红色、粉红色至白色。红色的卵球形或梨形果，长 1~2 厘米，萼片脱落。花期 4~9 月，果期 6~11 月。

⊙ 形态特征

叶边缘有锐锯齿，上叶面暗绿色，有光泽。

花为重瓣至半重瓣，倒卵形花瓣，先端有凹缺。

果为红色的卵球形或梨形，长 1~2 厘米。

五感之看一看

花形多样

月季花花形多样，有单瓣、重瓣、高心卷边等优美花形；色彩艳丽、丰富，有红、粉黄等单色，还有混色、银边等品种；花荣秀美，四时常开，深受人们喜爱。

多样月季花

紫月季花：花单生或2~3朵簇生，深红色或深紫色，重瓣，有细长的花梗；花多朵，呈伞房状圆锥花序，萼片披针形有羽状裂片，离生花柱外伸，有柔毛。

林肯先生：是红色月季的代表品种，花瓣35~50枚，杯状开花形式，多季节重复盛开；花深红色，有绒光，黄褐色花蕊，革质叶面为深绿色。

龙沙宝石：有淡雅的花色和古典的花形，外部花瓣为纯白色，内部花瓣为粉红色；是由法国培育，被德国率先推向市场并获得成功的月季品种。

金玛丽：是丰花月季中的一个品种；花色鲜黄，有绒光；花头呈聚状；对环境的适应性很强，耐寒、耐高温，抗旱、抗涝、抗病；广泛用于城市环境绿化、布置园林花坛等。

睡莲

⊙ 叶在水面浮生

睡莲是多年生浮叶型水生草本植物，有直立或匍匐的肥厚根状茎。叶分为两种：在水面浮生的浮水叶，为圆形、椭圆形或卵形，先端钝圆，基部深裂成马蹄形或心脏形，叶缘波状，全缘或有齿；柔弱的沉水叶为薄膜质。花单生，在大小和颜色上有明显不同，花色有红、粉红、蓝、紫、白等，浮水或挺水开花；萼片 4 枚，花瓣、雄蕊多。果实为浆果绵质，在水中成熟，不规律裂开。椭圆形或球形的种子小而坚硬，多数，被深绿或黑褐色的胶质包裹，有假种皮。

睡莲性喜阳光、通风良好的环境。对土壤要求不严，喜富含有机质的土壤，pH 值在 6~8 均可正常生长，适宜水深 25~30 厘米，最深不得超过 80 厘米。

⊙ 形态特征

浮水叶为圆形、椭圆形或卵形，基部深裂成马蹄形或心形。

花瓣通常有倒卵形、宽披针形等，瓣端稍尖，花色有红、粉红等色。

果为浆果绵质，内含小而坚硬的椭圆形或球形的种子多数。

五感之看一看

风情睡莲

在江南一带的很多名园内，都设有用以欣赏睡莲风情的玉亭。造型古朴淡雅的建筑与湖中睡莲相映成趣，别有一番风味。

多样睡莲

白睡莲：又名欧洲白睡莲；原产埃及尼罗河，花直径 20~25 厘米，大花型，挺水开放；花色白，花瓣 20~25 瓣，长卵形，端部圆钝；花期 6~8 月，果期 8~10 月。

红睡莲：原产印度、孟加拉国一带，花直径 20 厘米左右，大花型，挺水开放；花色桃红，花瓣 20~25 瓣，长卵形；较耐寒，喜强光、通风良好、有树荫的池塘。

黄睡莲：花直径 10~14 厘米，中花型，花开浮水或稍出水面；花色鲜黄，花瓣 24~30 瓣，卵状椭圆形；雄蕊鲜黄色，60~90 个；是极具观赏价值的种类。

紫色睡莲：又被称为睡火莲；花瓣多轮，心皮环状，贴生且半沉没在肉质杯状花托中，在下部与其部分融合，上部延伸成花柱，顶端尖锐，淡紫色。

科属：蔷薇科，樱属　　别名：山樱花、荆桃、福岛樱
花期：4月　　　　　　分布：亚洲、欧洲、北美洲

樱花

⊙ 生长习性

⊙ 褐色的椭圆卵形总苞片

樱花为乔木，高 4~16 米，灰色树皮。淡紫褐色小枝上无毛，嫩枝绿色，上有稀疏柔毛。卵圆形冬芽无毛。椭圆卵形或倒卵形叶片，先端渐尖或骤尾尖，基部圆形，稀楔形，边有尖锐重锯齿，齿端渐尖，有小腺体；叶柄长 1.3~1.5 厘米，密被柔毛，顶端有 1~2 个腺体或有时无腺体；披针形托叶有羽裂腺齿。花序伞形总状，总梗极短，有花 3~4 朵，先叶开放；褐色椭圆卵形的总苞片，两面均有稀疏柔毛；褐色苞片为匙状长圆形，长约 5 毫米，宽 2~3 毫米，边有腺体；管状萼筒上有稀疏柔毛；三角状长卵形萼片，先端渐尖，边有腺齿；椭圆卵形花瓣为白色或粉红色，先端下凹，全缘二裂；花柱基部有稀疏柔毛。黑色的近球形核果直径 0.7~1 厘米，核表面略有棱纹。

樱花是典型的温带、亚热带树种，性喜温暖湿润的气候，有一定的抗寒能力。对土壤的要求不严格，适合生长在疏松肥沃和排水良好的沙质土壤中。它的根系较浅，因此忌积水低洼地。对烟和风的抵抗力弱，不宜种植在有台风的沿海地带。

五感之看一看

如云似霞的花海

樱花枝叶繁茂，花开时节繁花艳丽，满树烂漫，如云似霞，大片栽植可成壮观的"花海"景观，孤植可形成"万绿丛中一点红"的诗意。

多样樱花

云南樱花: 有花 1~3 朵, 革质苞片近圆形, 边有腺齿; 红色萼筒钟状; 三角形萼片先端急尖, 全缘, 常带红色; 花瓣卵圆形, 先端圆钝或微凹, 花粉红至深红色。

染井吉野: 小花柄、萼筒、萼片上有很多细毛, 萼筒上部比较细, 花蕾是粉红色, 在叶子长出前就盛开略带淡红色的白花, 花期为 4 月上旬至 5 月中旬。

永源寺: 花为大朵、白色多层花; 是生长于日本滋贺县永源寺庭院的樱花; 有一定抗寒能力, 对土壤的要求不严, 宜在疏松肥沃、排水良好的沙质土壤中生长。

太白: 花为大朵、白色单层花; 是英国的樱花研究家于 1932 年赠送给日本的樱花品种, 但现在日本已经绝种。

银莲花

◉ 狭椭圆形的花药

银莲花为多年生草本植物。植株高15~40厘米。基生叶4~8枚，有长柄；圆肾形叶片，偶尔圆卵形，三全裂，全裂片稍覆压，中全裂片有短柄或无柄，为宽菱形或菱状倒卵形，三裂近中部，二回裂片浅裂，末回裂片卵形或狭卵形，侧全裂片斜扇形，不等三深裂，两面散生柔毛或变无毛；叶柄长6~30厘米，除基部有较密长柔毛外，其他部分有稀疏的长柔毛或无毛。花葶2~6个，有稀疏的柔毛或无毛；不等大苞片约有5枚，无柄，菱形或倒卵形，三浅裂或三深裂；伞辐2~5个，长2~5厘米，有稀疏柔毛或无毛；倒卵形或狭倒卵形萼片有5~6枚，白色或带粉红色，长1~1.8厘米，宽5~11毫米，顶端圆形或钝，无毛；花药狭椭圆形。扁平瘦果为宽椭圆形或近圆形。

◉ 生长习性和分布

银莲花性喜凉爽、潮湿、阳光充足的环境，较耐寒，忌高温多湿。在土壤方面，喜湿润、排水良好、土层深厚富含有机质的肥沃土壤，其pH值最好为6.5。在中国主要分布在山西和河北，多生长在海拔1000~2600米的山坡草地、山谷沟边或多石砾坡地。

五感之看一看

花苞较大，花色多样

银莲花花开艳丽，除粉色外，还有红色、蓝色、紫色、淡紫色、白色、混色等，花苞大，半重瓣，是市场上很受欢迎的观赏花卉。

科属：蔷薇科，杏属	别名：酸梅、黄仔、合汉梅
花期：冬春季	分布：中国、朝鲜、日本

梅花

● 花萼通常为红褐色

梅花为小乔木，少数为灌木，高4~10米。树皮为平滑的浅灰色或带绿色；绿色小枝光滑无毛。卵形或椭圆形叶片，长4~8厘米，宽2.5~5厘米，先端尾尖，基部宽楔形至圆形，叶边常有灰绿色的小锐锯齿；叶柄长1~2厘米，幼时有毛，老时脱落，常有腺体。花单生或有时2朵同生于1芽内；花梗短，长1~3毫米，常无毛；花萼通常为红褐色，有些品种的花萼为绿色或绿紫色；宽钟形萼筒上无毛或有时有短柔毛；卵形或近圆形萼片的先端圆钝；倒卵形花瓣为白色至粉红色。黄色或绿白色果实近球形，上有柔毛，直径2~3厘米，味酸。果肉与核紧贴；核为椭圆形，顶端圆形而有小突尖头，基部渐狭成楔形，两侧微扁，腹棱稍钝，腹面和背棱上均有明显纵沟，表面有蜂窝状孔穴。

● 多用途的梅花

梅花不仅有很高的观赏价值，药用和食用价值也很高。鲜花可用于提取香精，花、叶、根和种仁均可入药。果实可盐渍或干制后食用，或熏制成乌梅入药，有止咳、止泻、生津和止渴的功效。总之，梅花的功能多样，深受人们的喜爱。

五感之看一看

"孤傲"的花朵

梅花开在冬季开花，在寒冷的空气里独自绽放。一夜飞雪后的清晨，粉红色的小花点缀着洁白的世界，分外美丽。

科属：景天科，八宝属　　别名：华丽景天、长药八宝、大叶景天

花期：7~10月　　分布：云南、贵州、四川、湖北、安徽等地

八宝景天

◉ 肉质叶有波状齿

八宝景天为多年生草本植物，植株高30~50厘米。有肥厚的地下茎和粗壮而直立的地上茎，茎高60~70厘米，不分枝。整株植物略被白粉，呈青白色；叶对生或轮生，近无柄，呈长圆形至卵状长圆形，肉质，有波状齿；茎顶着生有伞房状聚伞花序，密生小花，花瓣的颜色为淡粉红色，呈宽披针形。常见栽培有白色、紫红色、枚红色花朵。

八宝景天性喜强光和干燥、通风良好的环境，喜排水良好的土壤，耐贫瘠和干旱，亦能耐 −20℃的低温，忌雨涝积水。

◉ 形态特征

花瓣淡粉红色，宽披针形

叶对生，肉质，边缘有波状齿

茎直立，粗壮，不分枝

五感之看一看

似粉烟的花朵

八宝景天有很高的观赏价值，植株生长整齐，花开时似一片粉烟，群体观赏效果极佳，是布置花坛、花境和点缀草坪的好材料。

科属：蔷薇科，杏属	别名：山杏
花期：4 月	分布：中国北部地区、朝鲜、日本

野杏

◉ 野杏的栽培品种

　　野杏的叶片基部为楔形或宽楔形。淡红色的花常 2 朵对生。近球形的果实，上有白色密柔毛，熟时为红色。卵球形的核包裹在果实内，离肉，表面粗糙而有网纹，常有锋利的腹棱。我国野杏的栽培品种按用途可分为食用杏类、仁用杏类和加工用杏类。食用杏类果实大形，肥厚多汁，甜酸适度，着色鲜艳。仁用杏类果实较小，果肉薄，种仁肥大，味甜或苦，主要采用杏仁，供食用及药用，有些品种的果肉也可干制。甜仁的优良品种主要有中国河北的白玉扁；苦仁的优良品种有中国河北的西山大扁等。加工用杏类果肉厚，糖分多，便于干制。有些甜仁品种，可肉、仁兼用，例如中国新疆的阿克西米西，是鲜食、制干和取仁的优良品种。

◉ 形态特征

叶片基部楔形或宽楔形。

花淡红色，2 朵对生。

果为近球形，红色。

五感之尝一尝

酸甜果肉

　　我们所说的野杏主要是指食用杏类，它的果肉肥厚多汁，酸甜适度且色泽鲜艳，十分诱人。

科属：虎耳草科，绣球属　　别名：八仙花、粉团花、草绣球
花期：6~8月　　分布：原产日本和中国四川，荷兰、德国和法国有栽培

绣球

⊙ 花多数不育

绣球是灌木植物，高1~4米。茎常在基部发出多数放射枝而形成一圆形灌丛；圆柱形的枝粗壮，紫灰色至淡灰色，无毛，有少数长形皮孔。倒卵形或阔椭圆形的叶为纸质或近革质，先端骤尖，有短尖头，基部钝圆或呈阔楔形，边缘在基部以上有粗齿，两面无毛或仅下面中脉两侧有稀疏卷曲短柔毛；粗壮叶柄无毛。伞房状聚伞花序近球形，有短的总花梗，分枝粗壮，近等长，密被紧贴短柔毛，花密集，多数不育；不育花萼4片，阔物卵形、近圆形或阔卵形，粉红色、淡蓝色或白色；孕性花极少数，有2~4毫米长的花梗；倒圆锥状萼筒与花梗上均有稀疏曲短柔毛，萼齿为卵状三角形；花药呈长圆形，花柱3枚，结果时柱头稍扩大，呈半环状。蒴果未熟，长陀螺状；种子未熟。

⊙ 有小毒

将绣球花用水煎洗或磨汁涂，可治肾囊风。但像棉花糖一样的绣球并不像大家想象的那样可以食用，相反，一旦吃了绣球，几小时后就会出现腹痛现象，典型的中毒症状还包括皮肤疼痛、呕吐、虚弱无力和出汗，甚至会出现昏迷、抽搐或导致体内血液循环障碍。

五感之看一看

雅致绣球

绣球花大色美，妩媚动人，将整个花球剪下，插瓶放在室内，是上等的点缀品。也可将绣球花悬挂在床帐之内，更觉雅趣。

多样绣球

大八仙花：是八仙花的变种之一，叶大，长达 4~7 厘米，全为不孕花，花初为白色，后变为淡蓝色或粉红色；叶片较为肥大，枝叶繁茂，需水量较多。

雪球：叶小、锯齿状，正常花为玫瑰红色，经处理可变成蓝色；用硫酸铝处理花朵可变成天蓝色和米色花心；喜温暖湿润的气候，不耐干旱，亦忌水涝。

红帽：叶小、深绿色，花淡玫瑰红至洋红色。枝叶密展，根为肉质，生长适应性强，既能地栽在院落、天井一角，也可盆植，为阳台和窗口增添色彩。

阿尔彭格卢欣：花为深红色或玫瑰红色；花形丰满，大而美丽，可植于稀疏的树荫下及林荫道旁；因对阳光要求不高，故最适宜栽植于光照较差的小面积庭院中。

科属：夹竹桃科，长春花属　　别名：金盏草、四时春、日日新、雁头红
花期：全年　　　　　分布：中国长江以南地区

长春花

⊙ 种子上有颗粒状小瘤

　　长春花为多年生草本植物，全株无毛或仅有微毛；茎为灰绿色，有条纹，近方形；叶片呈倒卵状长圆形，先端浑圆，有叶柄和短尖头，膜质，叶面有扁平叶脉；顶生或者腋生有聚伞花序，花萼5深裂，萼片呈钻状渐尖或者披针形，花冠的颜色为粉红色或白色，呈高脚碟状，花冠裂片呈宽倒卵形。双生有　　　，直立；外果皮厚纸质，上有条纹和柔毛；种子黑色，呈长圆状圆筒形，两端截形，有颗粒状小瘤。

　　长春花性喜高温、高湿的环境，喜阳光，怕涝，一般土壤均可栽培，以排水良好、通风透气的沙质或富含腐殖质的土壤为好。

⊙ 形态特征

聚伞花序腋生或顶生

花瓣5，呈高脚碟状

叶膜质，倒卵状长圆形

五感之看一看

花期全年

　　长春花的花期几乎全年，观赏价值很高。现又栽培出蓝色、深红色、深紫色等品种，多用于盆栽和栽植观赏。

Part 7
橙色系

明亮、欢快的石榴花，
兴奋、温暖的炮仗花，
多姿多样的卷丹百合，
以橙色装点自然、演绎自己。

科属：紫葳科，炮仗藤属　别名：鞭炮花，黄鳝藤
花期：1~6月　　　　　分布：原产中美洲，现世界各地有栽培

炮仗花

⊙ 三叉丝状卷须

　　炮仗花为藤本植物，有三叉丝状卷须。叶对生，卵形小叶2~3片，顶端渐尖，基部近圆形，长4~10厘米，宽3~5厘米，叶上下两面无毛，下叶面有极细小分散的腺穴，全缘；叶轴长约2厘米；小叶柄长5~20毫米。圆锥花序着生在侧枝的顶端，长10~12厘米；钟状花萼有5小齿；筒状花冠内面中部有一毛环，基部收缩，长椭圆形的橙红色裂片有5片，花蕾时呈摄合状排列，花开放后反折，边缘有白色短柔毛；雄蕊着生在花冠筒中部，花丝丝状，花药叉开；圆柱形子房上密被细柔毛；花柱细，柱头为扁平舌状，花柱与花丝均伸出花冠筒外。革质果瓣呈舟状，内有种子多列，种子有翅，薄膜质。花期长，可达半年，通常在1~6月。

⊙ 枝叶长青，露地过冬

　　炮仗花喜向阳的生长环境，在肥沃、湿润的酸性土壤上生长迅速。在中国华南地区，能保持枝叶长青，且可露地过冬。而且由于炮仗花的卷须多生长在上部枝蔓茎节处，因此整个植株都可以攀附在其他植物上生长。

五感之看一看

状如鞭炮的花朵

　　炮仗花作为攀缘花木，可种植在花门或栅栏处，作垂直绿化，每到初夏来临，橙红色的花朵累累成串，状如鞭炮，这也是炮仗花名字的由来。

科属：百合科，百合属	别名：虎皮百合、倒垂莲、药百合
花期：7~8月	分布：中国、朝鲜、日本

卷丹

⊙ 花被片上有紫黑色斑点

　　卷丹为多年生草本植物。近宽球形的鳞茎，白色鳞片为宽卵形，长 2.5~3 厘米，宽 1.4~2.5 厘米。茎高 0.8~1.5 米，上有紫色条纹和白色绵毛。矩圆状披针形或披针形的叶散生，长 6.5~9 厘米，宽 1~1.8 厘米，两面近无毛，先端有白毛，边缘有乳头状突起，有叶脉 5~7 条。花 3~6 朵或更多，叶状、卵状披针形的苞片，先端钝，上有白绵毛；紫色花梗长 6.5~9 厘米，上有白色绵毛；花下垂，橙红色花被片为披针形，反卷，上有紫黑色斑点；外轮花被片长 6~10 厘米，宽 1~2 厘米；内轮花被片稍宽，蜜腺两边有乳头状突起，上有流苏状突起；淡红色花丝无毛，矩圆形花药长约 2 厘米；圆柱形的子房；花柱长 4.5~6.5 厘米，柱头稍膨大，3 裂。狭长卵形蒴果长 3~4 厘米。

⊙ 多用途的卷丹

　　卷丹的用途广泛。它的鳞茎富含淀粉，可供食用。药用时有养阴润肺、清心安神的功效，可用于辅助治疗阴虚久咳、虚烦惊悸、失眠多梦和精神恍惚等症。花含芳香油，可作香料。在中国，人们常将球根晒干后煮汤。同时因其花形奇特，摇曳多姿，已成为重要的观赏花卉。

五感之看一看

端庄淡雅的花朵

　　卷丹的植株青翠挺立，叶似竹，沿茎轮生，花状如喇叭，端庄淡雅，并能散发出隐隐幽香，深受人们的青睐。

科属：石榴科，石榴属　　别名：安石榴、金罂、金庞、涂林
花期：5~6月　　分布：原产伊朗、阿富汗，中国安徽、江苏等地

石榴

◉ 花萼筒表面光滑有蜡质

　　石榴是落叶灌木或小乔木植物。株高2~5米，最高达7米。树干为灰褐色，光滑的嫩枝呈黄绿色，四棱形，枝端多为刺状，无顶芽。单叶对生或簇生，矩圆形或倒卵形，长2~8厘米不等，全缘，叶面光滑，有短柄，新叶为嫩绿或古铜色。花1朵至数朵生于枝顶或叶腋；花萼筒为肉质的钟形，先端6裂，表面光滑有蜡质，橙红色，宿存。橙红至红色花瓣有5~7枚，单瓣或重瓣。球形浆果为黄红色。种子多数有肉质外种皮。

　　石榴常用扦插、分株和压条的方式繁殖。露地栽培时要选择光照充足、排水良好的场所。生长过程中，需勤除死枝、病枝、密枝，以利通风透光。盆栽宜浅栽，需控制浇水，宜干不宜湿。生长期需摘心，控制营养枝生长，促进花芽形成。

◉ 形态特征

叶为矩圆形或倒卵形，光滑有短柄。

花瓣为5~7瓣，橙红色，单瓣或重瓣。

果为球形，内含多数有肉质外种皮的种子。

五感之尝一尝

味道清甜的果实

　　石榴的果实颗粒晶莹剔透，十分好看，而且口感特别好，味道清甜，是中秋节合家团聚时的必备佳品。

科属：石蒜科，君子兰属	别名：大花君子兰、大叶石蒜
花期：1~2 月	分布：原产非洲，中国有栽培

君子兰

⊙ 有光泽的深绿色带状叶片

　　君子兰为多年生常绿草本植物。有粗壮的乳白色肉质纤维状根。茎基部宿存的叶基部扩大互抱成假鳞茎状。基生叶质厚，叶形似剑，深绿色的带状叶片为革质，有光泽和脉纹，长 30~50 厘米，最长可达 85 厘米，宽 3~5 厘米，下部渐狭，互生排列，全缘。伞形花序顶生，花葶自叶腋中抽出。花茎宽约 2 厘米；有数枚覆瓦状排列的苞片，每个花序有小花 7~30 朵，多的可达 40 朵以上。花被裂片 6 枚，合生。小花有柄，在花顶端呈伞形排列，直立的漏斗状花为黄或橘黄色、橙红色；花梗长 2.5~5 厘米；花被管长约 5 毫米，外轮花被裂片顶端有微凸头，内轮顶端微凹，比雄蕊略长；花柱长，稍伸出于花被外。紫红色浆果为宽卵形。

⊙ 形态特征

叶宽阔呈带形，有光泽、脉纹。

花为橙红色、黄色或橘黄色。

果为紫红色的浆果，宽卵形。

五感之看一看

叶花果并美

　　君子兰株形端庄俊秀，叶片文雅苍翠，花朵大方美丽，果实鲜红透亮，叶花果并美，有"一季观花、三季观果、四季观叶"之说。

科属：鸢尾科，雄黄兰属　　别名：标竿花、倒挂金钩、黄大蒜、观音兰
花期：7~8月　　分布：中国北方多为盆栽，南方露地栽培

雄黄兰

➜ 由多花组成疏散的穗状花序

　　雄黄兰为多年生草本植物，高 50~100 厘米。扁圆球形的球茎外包有棕褐色网状的膜质包被。剑形叶多基生，长 40~60 厘米，基部鞘状，顶端渐尖，中脉明显；披针形的茎生叶较短而狭。花茎常有 2~4 个分枝，由多花组成疏散的穗状花序；每朵花基部有 2 枚膜质的苞片；橙黄色的花两侧对称，直径 3.5~4 厘米；花被管略弯曲，花被裂片为 6 枚，呈披针形或倒卵形，长约 2 厘米，宽约 5 毫米，呈 2 轮排列，内轮比外轮的花被裂片略宽而长，外轮花被裂片顶端略尖；雄蕊 3 枚，长 1.5~1.8 厘米，偏向花的一侧；花丝着生在花被管上；花药呈"丁"字形着生；花柱长 2.8~3 厘米，顶端 3 裂，柱头略膨大。三棱状球形的蒴果。花期 7~8 月，果期 8~10 月。

➜ 药用价值

　　雄黄兰药用时有散淤止痛、消炎、止血和生肌的功效。它的球茎煎汤、浸酒或入丸、散，可用于辅助治疗全身筋骨疼痛、各种疮肿、跌打损伤、外伤出血及腮腺炎等症。药用时需注意，其球茎有小毒，慎用。

五感之看一看

花药呈"丁"字形

　　雄黄兰最为奇特的是它的呈"丁"字形着生的花药，形状奇特的花药在橙黄色的花朵中间十分引人注目。

Part 8
杂色系

内面黄色、外围白色的鸡蛋花，
淡紫红色花瓣的中间有蓝色，
蓝色中央又有黄色圆斑的凤眼莲，
这些花在一朵上有几种颜色，
是大自然最美妙的存在。

地黄

⊙ 紫红色的茎

地黄为多年生草本植物。高10~30厘米，植株上有密集的灰白色多细胞长柔毛和腺毛。肉质根茎肥厚，鲜时黄色，茎紫红色。叶通常在茎基部集成莲座状，向上则强烈缩小成苞片，或逐渐缩小而在茎上互生；叶片为卵形至长椭圆形，边缘有不规则圆齿或钝锯齿以至牙齿；基部渐狭成柄。有细弱花梗，弯曲而后上升，在茎顶部略排成总状花序，或几乎全部单生在叶腋而分散在茎上；钟状花萼上有密集多细胞长柔毛和白色长毛，有10条隆起的脉；萼齿5枚，呈矩圆状披针形或卵状披针形，稀前方2枚各又开裂而使萼齿总数达7枚之多；花冠呈弯曲的筒状，有裂片5枚，先端钝或微凹，内面黄紫色，外面紫红色，两面均有多细胞长柔毛。蒴果卵形至长卵形。

⊙ 生长习性

地黄喜疏松肥沃的沙质土壤，不宜种植在黏性大的红土壤、黄土壤或水稻土中。地黄是典型的喜光植物，25~28℃是发芽的适宜温度，在早春时节会开出优美花朵，大而优美的花序深受人们的喜爱。因此多用来布置花境、花坛和岩石园。

五感之尝一尝

味甘微苦

地黄味甘微苦，可作为食物食用。早在1000多年前，中原地黄产区的人们就将地黄"腌制成咸菜、泡酒、泡茶而食之"。至今人们仍把地黄切丝凉拌，或煮粥而食。

科属：唇形科，水苏属	别名：宝塔菜、地蚕、草石蚕
花期：7~8 月	分布：欧洲、日本，以及中国河北、宁夏、福建等地

甘露子

◉ 花冠下唇有紫斑

甘露子为多年生草本植物。四棱形、有槽的茎直立或基部倾斜，单一，或多分枝，在棱和节上有平展的硬毛。茎生叶为卵圆形或长椭圆状卵圆形，先端微锐尖或渐尖，基部平截至浅心形，有时宽楔形或近圆形，边缘有规则的圆齿状锯齿，内面有贴生硬毛。轮伞花序通常 6 朵花，多数远离组成顶生穗状花序；线形小苞片上有微柔毛；狭钟形花萼外有腺柔毛，内面无毛，5 齿，正三角形至长三角形，先端有刺尖头，微反折。花冠为粉红至紫红色，下唇有紫斑，冠筒筒状；花丝扁平丝状，先端略膨大，上有微柔毛；卵圆形花药 2 室，室纵裂，极叉开；花柱丝状，略超出雄蕊，先端近相等 2 浅裂。卵珠形的黑褐色小坚果上有小瘤。花期 7~8 月，果期 9 月。

◉ 药用价值

甘露子的块茎或全草入药，有祛风热、利湿和活血化淤的功效。多用于辅助治疗黄疸、小便淋痛、风热感冒、肺痈、虚劳咳嗽、小儿疳积、疮毒肿痛和蛇虫咬伤等症。在中国贵州地区，人们将甘露子全草入药来治疗肺炎和风热感冒等症。

五感之尝一尝

味甘甜的地下块茎

甘露子的地下块茎形状珍奇，肥大脆嫩无纤维，吃起来味甘甜，因此得名"甘露子"，又因外形似蚕蛹而被称为"草石蚕"。

科属：夹竹桃科，鸡蛋花属	别名：缅栀子、蛋黄花
花期：5~10月	分布：中国、墨西哥

鸡蛋花

◉ 花冠外围白色、内面黄色

鸡蛋花为落叶小乔木，高约5米，最高可达8.2米。有粗壮的肉质枝条，绿色，无毛。厚纸质叶呈长圆状倒披针形或长椭圆形，顶端短渐尖，基部狭楔形，叶面无毛；中脉在叶面凹入，在叶背略凸起，侧脉两面扁平，每边30~40条，未达叶缘网结成边脉；叶柄上面基部有腺体，无毛。聚伞花序顶生，无毛；有肉质绿色的总花梗3枝；卵圆形的小花萼裂片顶端圆，有不张开而压紧的花冠筒；花冠外围为白色，花冠筒外面和裂片外面左边略带淡红色斑纹，花冠内面为黄色，花冠筒为圆筒形，外面无毛，内面有密集柔毛，喉部无鳞片；花冠裂片呈阔倒卵形，顶端圆，基部向左覆盖，极芳香。扁平种子为斜长圆形，顶端有膜质的翅，翅长约2厘米。

◉ 形态特征

绿色的枝条较粗壮，无毛。

叶为厚纸质，叶脉明显。

花冠外围为白色，内面为黄色。

五感之看一看

花色淡雅

鸡蛋花在夏季开花，其花颜色淡雅，花冠外围为白色，内面为黄色，和鸡蛋的颜色分布吻合，因此得名。落叶后，光秃的树干弯曲自然，形状甚美。

科属：蔷薇科，酸豆属	别名：通血图、通血香、木罕
花期：5~6 月	分布：非洲、亚洲、欧洲、美洲、大洋洲均有分布

酸角

⦿ 筒状螺形的花萼

　　酸角为常绿乔木植物，高 6~25 米。暗灰色树皮呈片状开裂。褐色小枝上有短绒毛和皮孔。羽状复叶互生，有短而粗壮的叶柄，小叶对生，叶片为长圆形，先端钝或微凹，基部近圆形，偏斜，两面无毛，全缘。圆锥花序顶生或总状花序腋生；两性花，花萼为筒状螺形，先端 4 裂；花瓣 5 瓣，上面 3 瓣发达，黄色上有紫红色条纹，下面 2 瓣退化成鳞片状，雄蕊 3 枚，在花丝中部以下合生，其余的 3~5 枚退化成刺毛状；雌蕊子房有柄。肥厚荚果长直或微弯，圆筒形，薄而脆的外果皮为褐色，硬壳质；肉质中果皮较厚，可食；果熟时为红棕色，味酸。近长方形的黄褐色种子，3~10 粒，深红色光亮，包藏在厚黏质状的中果皮内。花期 5~6 月，果期 8~12 月。

⦿ 形态特征

羽状复叶互生，叶片为长圆形。

花瓣有 5 瓣，黄色上有紫红色条纹。

果为圆筒形，外果皮褐色，质脆。

五感之听一听

荚果碰撞声

　　酸角的树身高大，果期枝头挂着一串串褐色的弯钩形荚果，微风吹来，荚果互相碰撞，声音悦耳。

科属: 兰科，兜兰属	别名: 拖鞋兰、绉枸兰
花期: 1~5月	分布: 印度、缅甸、泰国、越南、马来西亚、中国

兜兰

◉ 独特的花瓣

兜兰为多年生草本植物。茎比较短。革质叶片近基生，叶片为带形或长圆状披针形，绿色或上有红褐色斑纹。花葶从叶丛中抽出，花形十分奇特，有耸立在 2 瓣花瓣上呈拖鞋形的大唇，还有 1 个背生的萼片，背萼特别发达，2 片侧萼合生在一起；花瓣较厚，颜色从黄、绿、褐到紫都有，而且上面常有各种艳丽的花纹；花的寿命长，有的可开放 6 周以上，并且四季都有开花的种类，温暖型的斑叶品种大多在夏秋季开花，冷凉型的绿叶品种在冬春季开花。如果栽培得当，一年四季均有花看。

兜兰的根还可以作药用，有调经活血和消炎止痛的功效，可用来主治月经不调、痛经、闭经、膀胱炎和疝气等症。

◉ 生长习性

兜兰性喜温暖、湿润和半阴的环境，忌强光暴晒。能忍受的最高温度约为 30℃，越冬温度在 10~15℃最好。兜兰的很多种类是适合盆栽的植株矮小的植物，但花大型奇特，是世界上栽培最早、最普及的兰花之一。

五感之看一看

庄重雅致的花朵

兜兰花的株形娟秀，花形奇特，花朵雅致，色彩庄重，带有不规则斑点或条纹，且花期较长，容易养护，是深受人们青睐的观赏类花草。

多样兜兰

杏黄兜兰：革质带形的叶基生，数枚至多枚。花葶自叶丛中长出，其花含苞时呈青绿色，初开时为绿黄色，全开时为杏黄色，后期为金黄色，花瓣较厚。

美丽兜兰：灰绿色的叶为宽线形，长约 20 厘米，花多为单生，呈黄绿色，上有褐红色条斑，每年 10 月至第二年 3 月开花，在初冬时花开最为集中。

同色兜兰：花冠为淡黄色或罕有近象牙白色，上有紫色细斑点；中萼片为宽卵形，先端钝或急尖，两面均有微柔毛，边缘多少有缘毛，尤以上部为甚；合萼片与中萼片相似。

硬叶兜兰：花苞片为卵形或宽卵形，绿色有紫色斑点，中萼片与花瓣通常为白色而有黄色晕和淡紫红色粗脉纹，唇瓣白色至淡粉红色，退化雄蕊黄色并有淡紫红色斑点和短纹。

科属：马鞭草科，马樱丹属　　别名：五色梅、臭草

花期：5~9月　　分布：热带地区均有分布、中国福建、广东等地

马樱丹

➲ 药用价值

➲ 四方形的茎枝

马樱丹为直立或蔓性的灌木植物，高1~2米，有时藤状，长达4米。四方形的茎枝，上有短柔毛，通常有短而倒钩状刺。单叶对生，卵形至卵状长圆形的叶片，长3~8.5厘米，宽1.5~5厘米，顶端急尖或渐尖，基部心形或楔形，边缘有钝齿，表面有粗糙的皱纹和短柔毛，背面有小刚毛，侧脉约5对；叶柄长约1厘米；叶片揉烂后有强烈的气味。花序直径1.5~2.5厘米；花序梗粗壮，比叶柄长；披针形苞片长为花萼的1~3倍，外部有粗毛；管状、膜质花萼长约1.5毫米，顶端有极短的齿；花初开时为黄色或粉红色，继而变为橘黄或橘红色，最后呈红色，同一花序中有红有黄。花冠管两面有细短毛，直径4~6毫米；子房无毛。圆球形果的直径约4毫米，成熟时紫黑色。

马樱丹的根、叶、花入药有清热解毒、散结止痛和祛风止痒的功效。可用来辅助治疗感冒高热、久热不退、痢疾、肺结核、哮喘性支气管扩张和高血压等病症。但药用时需注意该品有毒，内服会有头晕、恶心和呕吐等反应，必须掌握用量，防止不良反应。孕妇和体弱者忌用。

五感之看一看

聚集花朵似彩色小绒球

马樱丹花为多数小花积聚在一起，就像彩色小绒球镶嵌在绿叶之中，花色美丽多彩，从花蕾期到花谢期变换多种颜色，给人以活泼俏丽之感。

凤眼莲

⊙ 三色花冠

凤眼莲为浮水草本植物。棕黑色的须根发达。茎极短，有长的葡匐枝，葡匐枝为淡绿色或带紫色。叶在基部呈莲座状排列，一般 5~10 片；叶片为圆形，宽卵形或宽菱形，顶端钝圆或微尖，基部宽楔形或在幼时为浅心形，全缘，有弧形脉，表面深绿色，光亮，质地厚实，两边微向上卷，顶部略向下翻卷。花葶从叶柄基部的鞘状苞片腋内伸出，多棱；穗状花序通常有花 9~12 朵；花被裂片 6 枚，紫蓝色的花瓣为卵形、长圆形或倒卵形，花冠略两侧对称，四周为淡紫红色，中间蓝色，在蓝色的中央有 1 个黄色圆斑；蓝灰色的箭形花药，纵裂；黄色的花粉粒为长卵圆形；长梨形子房上位，3 室，中轴胎座，胚珠多数；花柱伸出花被筒的部分有腺毛；柱头上密生腺毛。蒴果卵形。

⊙ 入侵与危害

凤眼莲能够迅速掩盖水体，主要原因是其繁殖迅速，且易浮游扩散，从而导致水体的透光性差。因此，在自然水域中，凤眼莲通过这样的方式与其他水生植物、藻类等竞争矿物质、阳光等资源，从而达到抑制其他水生生物与藻类生物生长的目的。

五感之尝一尝

清香爽口的花和嫩叶

凤眼莲的花和嫩叶吃起来清香爽口，是一道味道鲜美且有润肠通便功效的蔬菜。马来西亚等地的土著居民常将凤眼莲的嫩叶和花作为蔬菜食用。

杓兰

⊙ 独特的扭转花瓣

　　杓兰植株高 20~45 厘米，有较粗壮的根状茎。直立茎上有腺毛，基部有数枚鞘，近中部以上有叶 3~4 片。叶片为椭圆形或卵状椭圆形，较少为卵状披针形，先端急尖或短渐尖，背面有稀疏短柔毛，以叶脉与近基部处最多，边缘有细缘毛。花序顶生，通常有花 1~2 朵；花苞片叶状、椭圆状披针形或卵状披针形；花梗和子房长约 3 厘米，上有短腺毛；栗色或紫红色萼片和花瓣，唇瓣黄色；卵形或卵状披针形的中萼片，先端渐尖或尾状渐尖，背面中脉有稀疏短柔毛；合萼片与中萼片相似，先端 2 浅裂；线形或线状披针形的扭转花瓣，内表面基部与背面脉上有短柔毛；深囊状唇瓣为椭圆形，囊底有毛，囊外无毛；内折侧裂片宽 3~4 毫米；退化雄蕊近长圆状椭圆形。

⊙ 生长习性

　　杓兰性喜阴凉、湿润的环境，忌阳光直射，忌干燥，因其为肉质根，故适合种植在富含腐殖质的沙质土壤中，且排水性能必须良好，应选用腐叶土或含腐殖质较多的山土、微酸性的松土或含铁质的土壤，pH 值以 5.5~6.5 最为适宜。

五感之闻一闻

幽远花香

　　杓兰和所有的兰花一样，以高洁、清雅、幽香而著称，它的叶姿优美，花香幽远。其形象和气质已成为一切美好事物的寄寓和象征。

| 科属：锦葵科，木槿属 | 别名：芙蓉花、拒霜花、木莲 |
| 花期：8~10 月 | 分布：原产中国，日本和东南亚各国有栽培 |

木芙蓉

◉ 花由白或淡粉红变为深红

　　木芙蓉为落叶灌木或小乔木，高2~5米。小枝、叶柄、花梗和花萼上均有密集星状毛和直毛相混的细绵毛。宽卵形至圆卵形或心形的叶子，直径10~15厘米，常5~7裂，裂片为三角形，先端渐尖，有钝圆锯齿，上叶面有稀疏星状细毛和点，下叶面密被星状细绒毛；主脉7~11条；叶柄长5~20厘米；披针形托叶常早落。花单生在枝端叶腋间，花梗长5~8厘米，近端有节；线形小苞片8枚，上有密集星状绵毛，基部合生；钟形花萼，卵形裂片5枚，渐尖头；花初开时为白色或淡红色，后变深红色，花瓣近圆形，直径4~5厘米，外面被毛，基部有髯毛；雄蕊柱长2.5~3厘米，无毛；花柱枝上有稀疏毛。扁球形蒴果，上有淡黄色刚毛和绵毛。肾形种子背面有长柔毛。

◉ 独特品种

　　木芙蓉经过长期的栽培已经形成了不同的品种，最为独特的名为醉芙蓉，重瓣花初开时为纯白色，后渐变为深红色，是稀有的名贵品种，主要在中国福建、广东、湖南、湖北、云南、江西和浙江等省有栽培，供园林观赏。

五感之看一看

四季的不同形态

　　木芙蓉在一年四季能展现出不同的风情，春季梢头嫩绿，生机勃勃；夏季绿叶成荫，无比凉爽；秋季花团锦簇，热闹非凡；冬季枝叶褪去，显出扶疏枝干。

Part 8 杂色系

253

中文索引